先秦战争与政治地理格局

宋 杰 著

中华书局

图书在版编目（CIP）数据

先秦战争与政治地理格局/宋杰著. —北京：中华书局，2025.
5. —ISBN 978-7-101-17133-4

Ⅰ. E993. 2

中国国家版本馆 CIP 数据核字第 2025UH3574 号

书　　名	先秦战争与政治地理格局
著　　者	宋　杰
责任编辑	齐浣心
封面设计	毛　淳
责任印制	陈丽娜
出版发行	中华书局
	（北京市丰台区太平桥西里 38 号　100073）
	http://www.zhbc.com.cn
	E-mail：zhbc@zhbc.com.cn
印　　刷	三河市中晟雅豪印务有限公司
版　　次	2025 年 5 月第 1 版
	2025 年 5 月第 1 次印刷
规　　格	开本/920×1250 毫米　1/32
	印张 10　插页 2　字数 220 千字
印　　数	1-3000 册
国际书号	ISBN 978-7-101-17133-4
定　　价	78.00 元

目　录

春秋篇

战国篇

插图目录

前　言

　　地理环境是人类进行战争的客观物质基础，军队统帅在策划、指挥战争的时候，总是要考虑山川、道路、城市、人口、资源等条件对军事行动的制约，根据它们的分布状况来确定战略方针，以便趋利避害，合理地选择作战的方向、地点、行军路线以及兵力部署。正确地认识和利用地理环境，是获得战争胜利的重要原因之一，像兵学之祖孙武所称："夫地形者，兵之助也。料敌制胜，计险厄远近，上将之道也。知此而用战者，必胜；不知此而用战者，必败。"

　　但是，地理环境又不是一个纯粹的自然因素，它在人类各种社会活动的影响下，会不断发生改变。其地貌、水文、气象等要素虽然相对稳定，在数百千年内变化不大；可是生产力的进步、文明的发展，会使国家或地区的经济重心、政治中枢、人口聚居点、交通路线发生转移，从而改变军事力量在该地域的分布、组合与运动态势，形成新的政治地理格局。也就是说，不同历史时期的地理环境，对战争的影响是有差异的，各有自己的规律。将帅们应该依照当时的情况来进行决策，不能墨守成规。

在我国的先秦时代，政治斗争往往表现为不同地域的集团势力之对抗。东亚大陆幅员辽阔，其内部各个区域的自然条件存在着显著的差异，对于人类的生产活动会发生不同的作用，致使各地在经济、文化发展水平和政治趋向上具有很大的区别，可以依照各自的特点划分为若干基本经济区域。在此基础上形成几股较强的政治势力。在三代、春秋和战国，由于经济的增长发展，政治力量的分布态势和相互关系有所不同，敌对势力所在的区域以及来往的交通路线也有差别；因此，各代王朝的统治者必须依据现实的形势来制订不同内容的战略方针。本书采用区域地理和战略地理的研究方法，对先秦各历史阶段经济区域、人口、民族和政治力量的分布，以及各区域的地形、水文、风俗文化状况与相互来往的交通路线进行考察，并着重探讨这些因素对作战方略形成、演变所起的制约作用，即地域差异与空间变化和军事活动之间的密切关系。全书分为《三代篇》《春秋篇》《战国篇》，主要观点如下：

一、史称"三代"的夏、商和西周，东亚大陆可以分为三个较大的基本经济区域，即中部农耕区、北部游牧区与南部农耕渔猎区。这三个区域形成了戎狄、蛮夷、东夷和西方华夏集团四股政治势力，政治矛盾冲突的主流是西方、东方两大民族集团的抗衡，位于今河南省郑州地区一带是双方争夺的军事枢纽。三代建国的君主依据上述形势制定了进攻和防御战略，尽力夺取控制枢纽地点和对方的政治中心，将部分被征服民族驱出中部农耕区，或迁入己方地域居住，以便就近监管，从而巩固了新王朝的统治。

二、春秋时期，受封建经济发展的影响，我国的政治地理格局发生变化，形成了弧形中间地带、中原地带和周边地带三大区域，出现了列强、华夏及东夷中小诸侯、戎狄蛮夷三类政治势力，军事冲突主要表现为北方的齐、晋与南方的楚及后来崛起的吴国争夺霸权，相持对抗。双方采取的战略有：控制出入中原的门户通道和郑、宋、卫、陈等枢纽区域，在中原建立军事据点，迁移属国、降国，与争霸对手的邻国结盟等等。

三、战国中叶以降，由于黄淮海平原和泾渭平原生产、贸易的发达，形成了山东和关中两大基本经济区，政治、军事冲突在地域上呈现出东西对立的特点，由战国初期的魏国称霸、群雄割据演变为秦与关东六国相互争雄的局面。豫西通道被当作双方主攻方向的行军路线，其间的函谷关成为兵家必争的战略枢纽。范雎拜相，献"远交近攻"之策后，秦对六国的作战方略发生重大改变，开始把晋南豫北通道作为主要进军路线，尽力夺取和巩固沿途的三晋城市，以赵国为重点打击对象，从而保证了统一战争的顺利完成。

由于本人的学识有限，论述中肯定有不少谬误，希望能够得到各位师友和读者的指正。

宋　杰

2024 年 6 月 8 日

三　代　篇

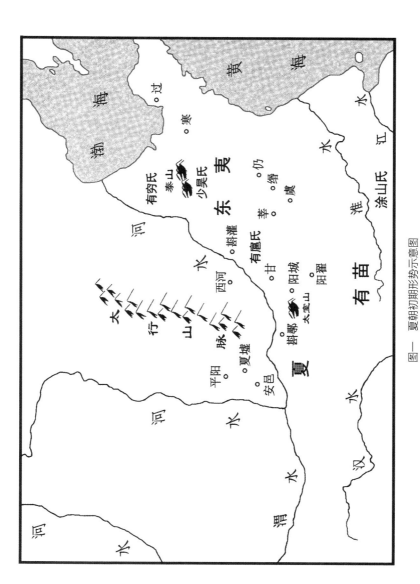

图一　夏朝初期形势示意图

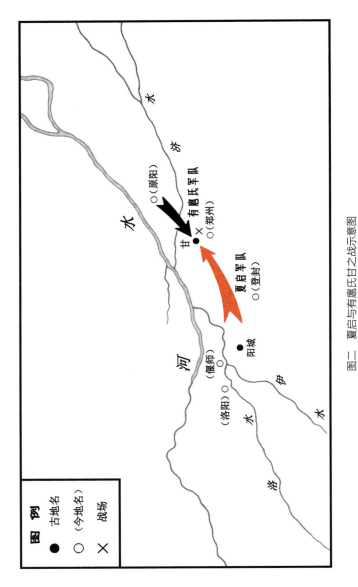

图例

● 古地名

○ （今地名）

✕ 战场

河

水

（洛阳）○

（偃师）○

阳城●

伊

水

洛

水

甘

● ✕ 有扈氏军队

○ （郑州）

○ （原阳）

夏启军队

○ （登封）

济

水

图二　夏启与有扈氏甘之战示意图

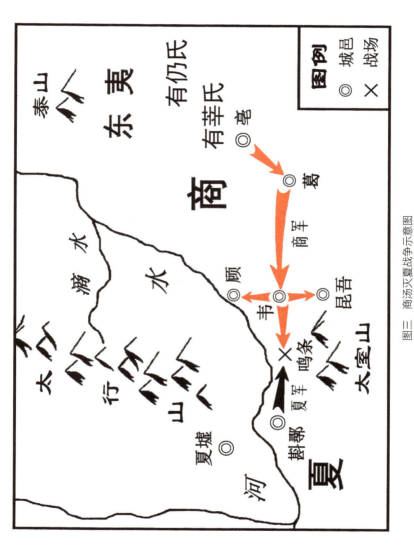

图三　商汤灭夏战争示意图

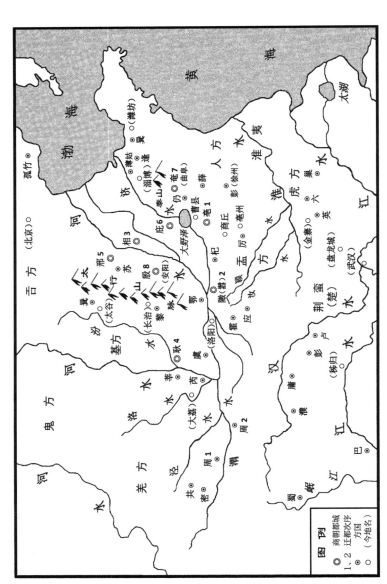

图四　商朝形势示意图

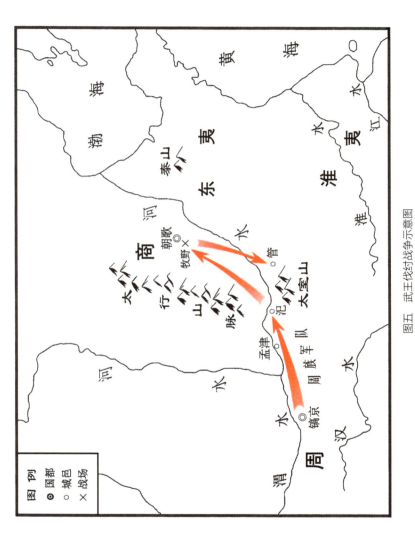

图五　武王伐纣战争示意图

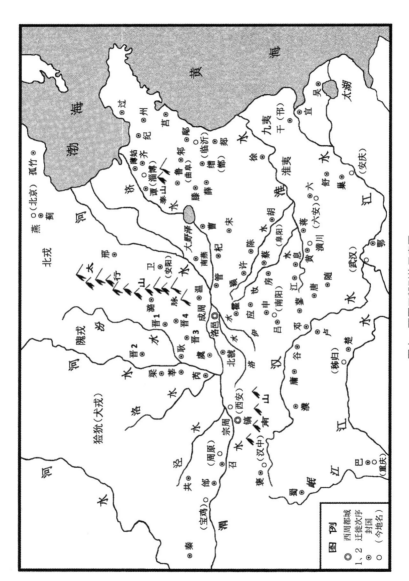

图六　西周王朝形势示意图

三代中国的经济区划、政治格局
与国家战略

一、东亚大陆在三代时期的地理形势

在我国古代的历史上，政治斗争往往表现为不同地域的集团势力之对抗。中国所在的东亚大陆虽然自成一个独立的地理单元，但是由于幅员辽阔，内部各个区域的自然条件存在着显著的差异，对于人类的生产活动会发生不同的作用，致使各地在经济、文化发展水平和政治趋向上具有很大的区别，可以依照其不同特点，划分为若干个基本经济区域，在此基础上形成几股较强的政治势力。它们之间的力量对比关系和矛盾激化程度，是影响国家统一和分裂、社会治乱安危的重要因素。历代王朝的统治者确立根本国策和战略方针时，不能不考虑境内的经济区划与政治力量的分布态势。

另一方面，人们生存的地理环境并非亘古不变，在不同的历史阶段里，受生产力发展、文明进步或者战乱破坏等多种条件的影响，国家的经济、人口布局以及政治形势会发生演变，生成各自的时代特征。史称"三代"的夏、商、西周王朝，在生产力水平上都处于青铜工具阶段，又在社会性质和制度上类似，由此使这个时期中国的经济区划与政治格局相对稳定，具有共性。三代的东亚大陆可以分为三个较大的基本经济区域。

1. **中部农耕区**。即夏、商、西周王朝直接统治的黄河中下游区域。它位于东亚大陆的中部地带，南抵汉水、淮河流域，北到燕山、晋北和陕北高原脚下，东连海岱，西及秦陇。如贾捐之所称："武丁、成王，殷、周之大仁也，然地东不过江、黄，西不过氐、羌，南不过蛮荆，北不过朔方。"①我国新石器时代的许多人类遗址里曾发现过谷物和其他农作物的遗迹，以黄河中下游最为集中，说明那里是最早开发农业的地区。从夏朝到西周，社会生产力水平进入到青铜时代，可是青铜工具的韧性较差，作为翻土掘石的农器很容易碎裂，又比较贵重，难以在农业劳动中普遍应用，人们通常还是使用原始的"耒耜"来耕作。古代黄河中下游的气候温暖湿润，地势平缓，土质较为软沃，为使用木石农具垦耕殖粟和引水灌溉、排涝提供了有利的条件，所以得到了较早的开拓，成为三代人口最密集，经济、政治和文化最发达的地区，也是华夏文明孕育、萌发的场所，夏、商、西周的统治中心——都城和王畿都设在那里。

地质学的研究结果表明，远古时期河南嵩山与山东泰山之间原是内海，后来经过地壳运动，形成阻碍交通的低洼薮泽，致使黄河流域中游与下游的人类群体走上各自独立发展的道路，出现了西方的仰韶文化和东方的大汶口、山东龙山文化两种系统。又经黄

①《汉书》卷64下《贾捐之传》。

河泥沙多年的沉积和淤塞，这一低下地带逐步上升，才形成新的冲积平原，两地的居民开始了较为密切的交流①。因为历史上的长期隔绝与自然环境差别的影响，三代的中部农耕区习惯上分为西方和东方两大地域，即周人所谓的"西土""东土"②。其分界线大致是沿太行山麓南下，至古黄河、济水的分流之处——今河南郑州、荥阳一带，也就是《史记》所言夏朝后期王畿的东界与商朝后期王畿的西界③。再沿着豫西山地丘陵的东缘向南延伸，至夏族民众居住的南阳盆地④与桐柏山脉的连接地段。从宏观地貌来看，我国所在的东亚大陆，按其不同的海拔高度和自然条件，可以划分为三级台阶，中部农耕区的地域则横跨第二、第三级阶梯。三代东、西方的分界线——太行山脉和属于秦岭余脉的熊耳山、外方山、伏牛山脉东端，正是这两级地貌台阶之间的过渡边坡，以此为界，将黄土高原、丘陵、台地与华北大平原相隔开来。西周初年，都城设在偏居西隅的镐京，东、西方分界线的中段也随之西移，挪在号称"天下之中"的洛邑附近。《史记》卷34《燕召公世家》曰："其在成王时，召公为三公，自陕以西，召公主之；自陕以东，周公主之。"此处的"陕"，有些学者认为指的就是"郏""郏鄏"，即洛阳王城。

---

① 参阅徐中舒：《先秦史论稿》，巴蜀书社，1992年，第4—7页。
② 参见《国语》卷16《郑语》、《尚书·大诰》、《尚书·康诰》。
③ 《史记》卷65《孙子吴起列传》："夏桀之居，左河济，右泰华……殷纣之国，左孟门，右太行。"
④ 《史记》卷129《货殖列传》："颍川、南阳，夏人之居也。夏人政尚忠朴，犹有先王之遗风。"

　　两地的居民称为"西人""东人"①，犹如后世之"南人""北人"，在社会生活的许多方面保持着自己的风俗习惯。西方的主要民族——夏族、周族，故居在河东（今晋西南）、河南（今豫西）及关中，为仰韶文化发源扩展的地区。"河东土地平易，有盐铁之饶，本唐尧所居。"②晋西南的唐（今山西省翼城县）是传说中的陶唐氏和夏族初期活动的中心③，即后代所谓的"夏墟"。夏族势力壮大后，渡河进入豫西，占据伊洛和嵩高地区，开始建立了夏王朝的统治。晋南、豫西境内山岭峡谷纵横交错，三代人类多聚居在其中面积不大的山间盆地、河谷平原上，如"唐在河、汾之东，方百里"④。称为"有夏之居"的洛阳地区，"其中小，不过数百里"⑤。故司马迁说这两处"土地小狭，民人众"⑥。关中平原辽阔肥美，"膏壤沃野千里，自虞夏之贡以为上田"⑦。不过在三代之初，当地多有游牧民族活动，农业的全面开发是自商朝后期以降、随着周族势力的强盛而繁荣起来的。与东方即黄河下游相比，西方海拔稍高，少受洪涝之患，土壤基本上皆为较厚的黄土，质地疏松，容易掘穴构屋，冬暖夏凉，给先民的定居生活提供了便利。对于农作物来说，

---

①《诗·小雅·大东》。

②《汉书》卷28下《地理志下》。

③参阅刘起釪：《由夏族原居地纵论夏文化始于晋南》，王文清：《陶寺遗存可能是陶唐氏文化遗存》，皆载田昌五主编：《华夏文明》第一集，北京大学出版社，1987年。

④《史记》卷39《晋世家》。

⑤《史记》卷55《留侯世家》。

⑥《史记》卷129《货殖列传》。

⑦《史记》卷129《货殖列传》。

"这种土质由于结构疏松，具有垂直的纹理，有利于毛细现象的形成，可以把下层的肥力和水份带到地表，形成黄土特有的土壤自肥现象。另外土质疏松也便于原始方式的开垦及作物的浅种直播"[1]。《尚书·禹贡》称其为"黄壤"，认为它的农业利用价值最高，"厥田惟上上"，比东方华北平原、山东丘陵的"白壤"、"黑壤"（即含有盐碱或腐殖质的冲积土）更为沃软易耕。在当时的社会条件下，西方发展农业的自然环境较东方更有利，因此居民多以务农为本，性重厚忠朴，尚文习礼，直至汉代，"其民犹有先王之遗风，好稼穑，殖五谷，地重，重为邪"[2]。用龙、虎、熊等兽类作为本族的图腾[3]。

　　东方民族的代表是东夷集团及其衍生的分支——商族，东夷因为部族众多又称为"九夷"[4]，它们和商族皆以鸟类为图腾，主要生活在河内（今冀南、豫北）与豫兖徐平原（古豫、兖、徐州交界地区，今豫东、鲁西南、苏北平原），是大汶口、山东龙山文化的后继者。东方地区农业发展的自然条件与西方有所差异，黄河下游由于支流很多，有"九河"之称，常受泛滥、淤塞之灾，对人们的农业定居生活有不利影响。如《尚书·（帝告、釐沃）序》所

---

[1] 黄其煦：《黄河流域新石器时代农耕文化中的作物——关于农业起源问题的探索（三）》，《农业考古》1983年第2期。

[2]《史记》卷129《货殖列传》。

[3] 参见闻一多：《龙凤》，《闻一多全集》第一册，上海：开明书店，1949年。丘菊贤、杨东晨：《周族图腾崇拜溯源——兼议"龙"产生的背景及其演变》，《河南大学学报（哲学社会科学版）》1989年第1期。

[4]《后汉书》卷85《东夷传》。

载，发祥于漳水流域的先商民族曾被迫多次迁徙，"自契至于成汤，八迁"。河内所在的冀南及冀中平原，土壤含有盐碱成份，颜色发白，即《尚书·禹贡》所载"至于衡、漳，厥土惟白壤"，肥沃程度较差。所以，三代前期——夏朝和早商阶段的东方农业民族，主要活动在条件更好一些的豫东、鲁西南平原；到盘庚迁殷以后，河内的农业才获得了长期稳定的发展。东方的地势低下卑湿，湖泽川渎密布，河、济之外，又有淮、泗、沂、汴、睢、涡、颍、汝等水流。古籍提到的国内"十薮""九薮"中，很多著名的大泽如巨鹿、巨野、菏泽、雷夏、孟诸、圃田、海隅等散布在那里。加上临近海边，降水量较多，使薮泽近旁林莽丛生，鸟兽繁息。因此，居民在务农之外，经常从事狩猎活动，民众普遍习射，甚至表现在族名上，见许慎《说文解字》："夷，东方之人也，从大从弓。"夷人有着尚武的风俗，性格上轻剽慓急，"其民之敝，荡而不静"①。自西方华夏集团的炎帝、黄帝两族进入中原，与东夷的蚩尤族发生激战以来，东、西方两大民族集团的政治交往相当频繁。如傅斯年所言："三代及近于三代之前期，大体上有东西不同的两个系统，因争斗而趋混合，因混合而文化进展，夷和商属于东系，夏和周属于西系。"②

　　我国原始社会末期，这两股势力共同组成了前国家的联合

---

①《礼记·表记》。
②傅斯年：《夷夏东西说》，载《庆祝蔡元培先生六十五岁论文集》，中央研究院历史语言研究所，1933年。

体——酋邦（chiefdom）[1]，先后推举了华夏集团的尧、东夷集团的舜为最高首脑"帝"[2]，双方的其他部族酋长如皋陶、伯益、契、禹、弃等同在其手下担任各种官职[3]。夏商国家建立以后仍是如此，由西方或东方的某个民族首领世代为王，另一方的诸侯可以根据王室的需要在朝为官，如夏朝之冥，商朝的九侯、鄂侯、西伯等。贵族统治阶级中的这种地域差别，有时在朝会典礼的站位秩序上也能反映出来，可见《尚书·康王之诰》："王出在应门之内，太保率西方诸侯，入应门左。毕公率东方诸侯，入应门右。"时局动荡之日，两大民族集团又会为争夺天下共主的领导地位而进行殊死的搏斗，直到其中一方彻底失败、臣服为止。

2. 北部游牧区。 在中部农耕区的北方和西北，包括内蒙古高原，冀北山地，晋北、陕北、甘肃黄土高原和青海东部。这一区域地势较高，气候干旱寒冷，土地瘠薄，不利于种植业的发展，所以居民务农者少，多以游牧为生，在先秦被称为"戎""狄"，生活习俗与中原的华夏民族有很大的差别，所谓"被发衣皮，有不粒食者矣"[4]。这是其不种五谷桑麻的结果，也是该地区恶劣的环境造成的。即使有些内地的农耕民族迁徙到那里，受技术能力和自然条件的制约，也不得不抛弃他们原有的劳动方式和生活习惯，被迫接受异

---

[1] 谢维扬：《中国国家形成过程中的酋邦》，《华东师范大学学报（哲学社会科学版）》1987年第5期。
[2] 尧居河东，属于西方民族集团。《孟子·离娄下》："舜生于诸冯，迁于负夏，卒于鸣条，东夷之人也。"
[3] 参见《尚书》中《尧典》《舜典》，《史记》卷1《五帝本纪》，《礼记·王制》。
[4] 《礼记·王制》。

俗。例如"夏道衰，而公刘失其稷官，变于西戎"①。夏桀死后，"其子獯粥妻桀之众妾，避居北野，随畜移徙"②。游牧生产依赖牲畜的自然繁殖，受外界环境的影响比较大，遇到暴风雪、干旱、瘟疫等灾害，都会造成畜群的普遍死亡，不如农业稳定。这种脆弱、落后的生产方式，使三代北部游牧区的民族社会发展相当缓慢，与中部农耕民族的经济实力、文化水平相比，明显地处于劣势。

夏商西周时期，北方游牧民族活动的地域较后代为广，像冀北山地和晋北、陕北高原，在战国以后，长期被内地的农耕民族所控制。历代的中原王朝利用燕山、代北的复杂地形来修筑长城，屯兵驻守，抵御胡骑南下。但在三代，这一连绵千里的地带因为峰岭交错、密林丛生，使用木石农具很难开发，不适于农业居民生存，所以依旧遍布着森林、草甸，成为游牧民族的栖息之所。春秋以后，随着铁器使用的推广，中原的农耕民族才得以把活动范围向北方扩展，使长城以南的高原、山地逐步变成了农业区域。

战国以降，北方游牧民族活动的主要区域是在大漠南北的蒙古高原，由于地形开阔，便利骑乘往来，使散居各地的部族容易联合、兼并，能够建立强大、统一的民族政权，像匈奴那样，"控弦之士三十余万"③。而三代之时，北方游牧民族的主体——山戎、鬼方、猃狁、犬戎，基本上居住于冀北、晋北和陕北，那里的地形分

---

①《史记》卷110《匈奴列传》。
②《史记》卷110《匈奴列传·索隐》引乐产《括地谱》。
③《史记》卷110《匈奴列传》。

割零碎，"径深山谷，往来差难"①。交通不便，经济生活又比较分散，致使他们难以在政治上形成集中的力量。如司马迁所说，周代秦、晋、燕地之北的戎狄诸部，"各分散居溪谷，自有君长，往往而聚者百有余戎，然莫能相一"②。再加上经济落后，人众稀少，军事实力不是很强。尽管他们与中原的华夏族时有冲突，但总的来说，规模不大，胜少负多，始终未能动摇华夏民族在东亚大陆上的统治地位。

　　3. **南部农耕渔猎区**。位于东亚大陆的南部，包括长江中下游、淮河、汉水及珠江流域。当地气候潮湿炎热，居住环境不如黄河流域，有"江南卑湿，丈夫早夭"③之称。境内的丘陵、山地往往覆盖着原始森林，平原地带则是水网密布、荆莽丛生，遍地的红壤土质紧密，用木石农具来垦荒翻耕是相当困难的。尤其是江南的水田稻作农业，在生产技术、过程上要比旱地粟作农业复杂、费力得多。在三代简陋的劳动条件下，南部地区无法进行普遍的开发，那里的农业发展不充分，居民的生活在一定程度上要依靠原始的渔猎采集活动来补充，所谓"民食鱼稻，以渔猎山伐为业"④。尽管"地势饶食"，有丰富的自然资源，但是缺乏必要的开采手段，甚至在铁器使用初步推广的西汉，仍处于"地广人希""或火耕而水耨"，民众"无积聚而多贫"⑤的状态。南部较大的民族如荆蛮、淮夷，主要活动在长江以北的汉水、淮河流域，直到春秋以前，他们都没有强

①《汉书》卷94下《匈奴传下》。
②《史记》卷110《匈奴列传》。
③《史记》卷129《货殖列传》。
④《汉书》卷28下《地理志下》。
⑤《史记》卷129《货殖列传》。

盛的国力来和华夏民族逐鹿中原，在双方的交战中通常是被动迎敌，屡遭败绩，从未对夏、商、西周王朝的统治构成过严重的威胁。

上述情况表明，这个历史阶段里，东亚大陆存在着以地域划分的四股政治势力，即中部农耕区的西方、东方两大民族集团，北部游牧区的戎狄和南部农耕渔猎区的蛮夷。其中以前两股势力最为强大，他们分别活动在当时最为富庶的黄河中游、下游地区，人口众多，经济、文化先进，因此，三代中国的统治民族都是由这两方中的一个分支来担任的，王朝的更替过程就建立在西方和东方两大民族集团的相互征服上。而北部和南部地区的戎狄蛮夷，由于自身力量的分散和弱小，只能在这个时期的政治舞台上扮演配角，没有足够的实力去问鼎中原。

三代的战争从地域上可以划分为两类，第一类是中部农耕区政权——夏、商、西周王朝与北部、南部少数民族戎狄蛮夷的战争，第二类是中部农耕区内西方和东方两大民族集团之间的战争。如果我们比较一下这两类战争的目的、规模和后果，就能清楚地看到，后一类战争具有最重要的历史影响，是前一类战争无法与之相提并论的。

首先，戎狄蛮夷对中原王室、诸侯国发动战争，目的是劫掠财富和人口，规模不大，多在边境地带骚扰。因为本身经济、政治力量的薄弱，北部或南部民族中的任何一支，都未有过夺取天子宝座的非分之举。而三代王室对戎狄蛮夷发动的战争，目的或是为了消除边患，抵御、反击其局部入侵；或是讨伐反叛的部族、方国，

"伐不祀，征不享"①，强迫他们臣服，以维护自己天下共主的统治地位，双方没有出现过为了争夺国家最高领导权力而战的情况。由于对手实力较弱，王室征讨戎狄蛮夷，并不需要动用倾国之师，通常是临时征发一些本族的人众。像卜辞中商朝伐羌方、鬼方，每次不过动用数千人、上万人；或是出动王室的常备军，如西周伐荆蛮、淮夷派遣的"六师"，人数也是有限的。有时甚至不用王师出征，只要责令一方的诸侯为之代劳，去平息边患即可，像商之季历、西伯，周之太公、伯禽，都接受并完成过天子的这类使命。纵观双方的交战，中部农耕民族占了明显的上风，华夏政权统治的区域逐步向四周扩展，即使个别战争遭到失败，也不会亡国灭族，给东亚大陆的政局带来重大改变。

中部农耕区内西方、东方两大民族集团的角逐则与前者不同，三代决定统治民族领导地位、历史命运的重要战争，几乎都是在他们之间进行的，如启诛伯益、穷寒代夏、少康复国、成汤伐桀、武王伐纣、周公东征等等，结果往往导致社稷易主、江山改姓。战争的总体规模、出动的兵力也要大得多，因为双方的实力相对接近，会战前都要尽最大可能来扩充兵马，力图造成优势，为此经常要纠合各路诸侯，组成联军出征。如夏桀曾起"九夷之师"②以征成汤，汤后来又率六州诸侯以灭夏③；武王伐纣，西土八国之士随军出动，

①《国语》卷1《周语上》。
②《说苑》卷13《权谋》。
③《吕氏春秋·仲夏纪·古乐》。

"诸侯兵会者车四千乘，陈师牧野"①。武庚作乱时，也联合东夷多方以叛周。像牧野之战那样规模巨大、两军出动十余万兵力的战役，也只有在东、西方民族集团对抗的战争里才能见到。

以上分析表明，三代中国政治力量矛盾冲突的主流是东西对立，即中部农耕区内东方、西方两大民族集团的抗衡。在一般情况下，夏、商、西周王朝的统治民族最为担心的，还是自己东邻或西邻可能发生的暴乱，认为他们的反叛对国家安全最有威胁。像夏桀"梦西方有日，东方有日，两日相与斗"②。周人灭商后，武王夜不能寐，周公"一沐三捉发，一饭三吐哺"③，都是出于上述原因。事实上，从这三个政权建立、巩固的历史过程也能看得出来，开国创业的王者、将帅制订军事战略时，曾悉心研究过当时政治力量的地域分布态势，在兵力的组织和部署上深受东西对立格局的影响，并且殚精竭智地设想与实施了各种措施，使这种态势向有利于自己的局面发展。

二、从地理角度来看三代建立、巩固国家的战略活动

从地理角度来分析夏、商、周族在夺取政权过程中的进攻战略，可以看出这三个民族建国之前控制的土地、人口原本有限，特

---

①《史记》卷4《周本纪》。
②《吕氏春秋·慎大览》。
③《史记》卷33《鲁周公世家》。

别是商族和周族，"汤以七十里，文王以百里"①，在东西对立的政治格局中处于较弱的一方。他们之所以能最终击败劲敌，统治全国，除了内政、外交等方面的原因以外，与其指导战争、兼并天下的方略得当有重要的关系。这些民族的领导者在和主要敌人决战之前，先后采取了各种措施，使政治力量的地域对抗形势发生了对自己有利的转变。

首先，对本族所在地域的其他部落、邦国采用拉拢或强迫的手段，使它们归附、降服，完成中部农耕区内西方或东方民族集团的联合。欲做天子，要先成为一方的诸侯领袖。像夏禹、启即位前，都得到了邻近部族的拥戴。商汤未叛夏时，也是通过和东夷有莘氏联姻，来加强自己的力量。同时，他还勤修内政、布德施惠，以扩大政治影响，使"诸侯八泽来朝者六国"②。周文王翦商之初，亦"隐行善，诸侯皆来决平"③。对于不肯附从的邻近小国，则出兵剿灭，免生肘腋之变，如汤诛葛伯，文王伐密须等。

从三代建国的历史来看，夏、商、周族在未控制所在西方或东方的基本区域之前，是不肯贸然进军对方之势力范围和敌军主力交战的。例如夏族兴起于晋南，其主要敌人是活动于鲁西南、豫东平原的东夷各族④。夏人未直接向东方发展，没有沿着黄河的北岸进军

①《孟子·公孙丑上》。
②《尚书大传》。
③《史记》卷4《周本纪》。
④参见刘起釪:《由夏族原居地纵论夏文化始于晋南》，田昌五主编:《华夏文明》第一集。刘绪:《从夏代各部族的分布和相互关系看商族的起源地》，《史学月刊》1989年第3期。

河北，而是渡河到豫西，打败有扈氏和与启争夺帝位的伯益[1]，建立起夏王朝对东方和全国的统治。商族发祥于河内的滴（漳）水流域，成汤时强大起来，也是向东南渡过黄河，进入豫兖徐平原，与那里的东夷诸部联合，控制了整个东方，才公开叛夏。文王勘黎、伐于（盂）后，已经掌握了关中、晋南两个地区，黎（今山西省长治市南）、盂（今河南省沁阳市）距离商都朝歌不过数百里，但是周人仍耐心等到伐崇胜利、占领豫西之后[2]，才出师伐纣。也就是说，要尽最大可能扩展己方控制的地域，增强力量，造成相对的均势、优势，甚至需要争取中部农耕区以外的民族加入自己的阵营，如汉南四十国诸侯归汤[3]，武王伐纣时，有羌、卢、髳、彭、巴、濮、邓、蜀等八国军队随从。实施这项战略措施的作用是相当重要的，因为三代的中国刚刚步入文明社会，政治结构相当松散，还处于邦国林立的状态。史称："当禹之时，天下万国，至于汤而三千余国。"[4]夏、商、西周王朝都是以某个统治民族为核心的政治联合体，王室直接控制的领土——王畿，面积不过今一省之地。如孟子所言："夏后、殷、周之盛，地未有过千里者也。"[5]属于众多邦国中

①伯益是东夷集团少昊氏部族首领，见韦昭注《国语》卷16《郑语》："伯翳，舜虞官，少昊之后伯益也。"或称其为皋陶之子，故居在今山东曲阜一带，势力强大，几乎代启作后。《楚辞·天问》载伯益曾拘禁启，斗争失败，被启杀死。《今本竹书纪年》卷上载益死于启在位的第六年，即甘之战以后，可见启是在战胜有扈氏之后才进军东方，消灭伯益的。
②旧说崇在今陕西户县，非是；今人多认为在河南嵩山一带。参见马世之：《文王伐崇考——兼论崇的地望问题》，《史学月刊》1989年第2期。
③《吕氏春秋·孟冬记·异用》。
④《吕氏春秋·离俗览·用民》。
⑤《孟子·公孙丑上》。

较大的一个。周围诸侯与王室之间，也没有秦汉以后中央与地方政府那样严格的隶属关系，仅仅要尽纳贡、朝觐等义务，在军事、财政、司法等方面政由己出，很少受王室的干涉，呈半独立状态。像王国维在《殷周制度论》中所言，夏商时期，"盖诸侯之于天子，犹后世诸侯之于盟主，未有君臣之分也"①。在这种状况下，统治民族即使本身力量较强，如果限于孤立，同时与许多邦国作战，往往也是力不从心的。所以在争夺天下的斗争中，孤军作战难以成功，必须尽量地联合、利用其他部族、邦国来加强自己的实力。如《吕氏春秋·用民》所称："汤、武非徒能用其民也，又能用非己之民。能用非己之民，国虽小，卒虽少，功名犹可立。"说的就是这种情况。

其次，将都城向中原或是靠近敌方区域、交通较为便利的地点迁移。首都为一国之政治中心，是最高领导集团和中枢机构的驻地，它设置在适宜的地点、地区，对于国家的政治、军事活动会产生积极的影响。所以，统治者在选择建都地址的时候，总要经过慎重的考虑和比较，综合各种因素，并根据现实的战略需要来确定其位置。夏、商、周起初都是领土有限的邦国，都城偏在一隅，或游移不定。随着势力的壮大，逐步控制了半壁河山，甚至"三分天下有其二"②，原有的地区性政权正在向全国性政权过渡，其军事力量即将开入对方区域，与敌人主力交锋。在这种形势下，旧都的地理位置偏远或交通不便，不利于对战争的指挥部署。因此，三代的建国者在发动决战之际，都会将都城作不同程度的内迁，接近前线或

①王国维：《观堂集林》卷10《史林二》，中华书局，1959年，第466—467页。
②《论语·泰伯》。

处于交通便利的区域中心，以便及时了解敌情，调动兵马，能够迅速有力地控制战争和政治局势。

如夏族原居河东，禹曾在安邑、平阳等地设都[①]，为了适应和东夷、有苗作战的需要，他迁都到黄河以南、临近东方的阳城、阳翟[②]。商汤灭夏之前，也把都城和族众从黄河以北的滴水流域迁到位于东方中心的亳（今山东省曹县南）[③]，在联合了鲁西南平原的东夷部族后向西进军，由此至夏朝腹地伊洛平原路途坦荡，并无高山大川阻隔，对大军的运动较为便利。周族的国都原来在关中西部的岐下，其统治者在进兵朝歌之前亦将都城向东迁到丰、镐，以图向中原发展势力，更有效地控制战局。

再次，占领东西方交界的"枢纽地区"。枢纽地区亦称"锁钥地点"，通常是指某个具有战略意义的交通要冲，作战时占领了它就能先得地利，进可以长驱直入对方腹地，退则能扼守要道拒敌于境外。从三代的历史来看，开国建业者都曾把今河南郑州地区当作用兵必争之地。该地在商周亦称"关""柬""阑""管"[④]，位于中部农耕区的核心，是黄淮海平原与豫西山地丘陵接壤之处。北渡济水、黄河，可以直达幽燕；南通两湖；西临虎牢，面对自关中、洛

---

① 《史记》卷2《夏本纪·集解》引皇甫谧曰："（禹）都平阳，或在安邑，或在晋阳。"

② 《古本竹书纪年》："（禹）居阳城。"《世本·居篇》："禹都阳城。"《汉书》卷28上《地理志上》颍川郡阳翟县条自注曰："夏禹国。"《帝王世纪》："禹受封为夏伯，在豫州外方之南，今河南阳翟是也。"《史记》卷4《周本纪·集解》引徐广曰："夏居河南，初在阳城，后居阳翟。"

③ 王国维：《观堂集林》卷12《史林四·说亳》，第520—521页。

④ 于省吾：《利簋铭文考释》，《文物》1977年第8期。

阳而来的陆路干线；东蔽梁、宋，背后是广阔的豫兖徐平原，为四方道路交汇之所，在军事上有着重要的地位价值。夏朝之初，禹和启为了打开进军东方的大门，曾经和东夷的有扈氏发生过激战，主战场"甘"即在今河南郑州以西的古荥甘之泽和甘水沿岸[1]。经过长期的多次搏杀，启"灭有扈氏，天下咸服"[2]。夏族控制了这一地区，能够北进河内，东出豫兖徐平原，也就慑服了东方各邦诸侯。

成汤自亳出兵伐桀，也是先打败了郑州附近的三个夏朝属国"韦"（今河南省郑州市）、"顾"（今河南省原阳县）、"昆吾"（今河南省新郑市）[3]，才直捣夏都，在鸣条（今河南省偃师、巩县间）[4]战胜了夏军主力，占领了伊洛平原。

在武王灭商的作战行动里，虽然周师主力是从孟津北渡黄河、向东北进军抵达商都朝歌的，但在此之前，武王仍先发兵占领了郑州地区[5]，通过此举来吸引商朝军队的注意，并掩护主力部队的侧翼与后方的安全。克商后，武王即将"管"（今河南省郑州市）和附

---

① 郑杰祥：《"甘"地辨》，《中国史研究》1982年第2期。

② 《史记》卷2《夏本纪》。

③ 《诗·商颂·长发》："韦、顾既伐，昆吾、夏桀。"朱熹注："初伐韦，次伐顾，次伐昆吾，乃伐夏桀，当时用师之序如此。"关于"韦""顾""昆吾"的地理位置请参阅陈梦家：《殷虚卜辞综述》，李学勤：《殷代地理简论》；顾颉刚、刘起釪：《〈尚书·甘誓〉校释译论》，《中国史研究》1979年第1期；邹衡：《夏商周考古学论文集》，文物出版社，1980年，第247—248页。

④ 谭继和：《桀都与鸣条地望新考》，《西南民族学院学报（社会科学版）》1986年第1期。

⑤ 杨宽：《中国古代都城制度史研究》，上海古籍出版社，1993年，第37—38页。

近的"祭（蔡）"封给管叔、蔡叔，留下他们率兵戍守，用以监督、弹压商族遗民。这些情况都反映了该地在三代的重要作用。

通过以上措施，三代的建国者们使政治地理格局中东西方力量对比关系发生了变化，在决战之前处于有利的地位。这样就为进行下一步骤（进攻敌方腹地、都城，歼灭敌军主力），夺取最后的胜利奠定了基础。

夏、商、周族在开国创业的过程中，所制订的战略是以进攻、夺取天下为目的，而一旦击败对方民族集团，建立起对全国的统治以后，战略目的便转为防御，即如何保证国家的安全，有效地抵御、镇压敌人的暴动、入侵。从他们实行的各项部署来看，显然是受东西对立的形势所影响，把刚被自己征服的东邻或西邻民族集团当作最危险的假设敌，采取种种措施来防备他们聚集力量、发动叛乱，夺回失去的权益。实际上在三代建国之后，上述地区、民族都发生过规模不同的武装反抗行动，证明统治者的担心并不是多余的。如夏朝遗民"土方"与商朝的冲突，断断续续地到武丁时期才基本结束[①]。周初武庚、奄、蒲姑的作乱，周公费了三年时间将其平息。而东夷有穷氏的羿、寒促甚至一度灭亡了夏朝，"因夏民以代夏政"[②]。王朝的统治能否巩固，与其防御战略的制订和实施是否得当有密切的关系。从地理角度来看，三代建国之初的防御战略具有以下内容和特点：

①参阅胡厚宣：《甲骨文土方为夏民族考》，载日知主编：《古代城邦史研究》，人民出版社，1989年，第340—353页。
②《左传·襄公四年》。

（一）将部分兵力留在被征服的敌方区域，或守住东西方交界的战略要地，起到监视、控制亡国遗民的有效作用

三代军队中的大量步兵战士是农民，平时担负着繁重的劳动，在作战之前被临时召集入伍，而不是常备兵。如果长期从军，脱离生产，将给社会经济带来恶果，这是民众和统治者们都不愿看到的。商汤伐桀之前，军中的士兵们就认为出征耽误了农作，而颇有怨言。"我后不恤我众，舍我穑事，而割正夏"[①]。汤不得不向他们做专门的解释，并在大战结束后立即率众"复归于亳"[②]。让多数士兵复员回乡，继续务农，以保证生产的需要。武王伐纣，大军自出征到返回关中，跋涉数千里，前后也只用了78天[③]，便"纵马于华山之阳，放牛于桃林之虚，偃干戈，振兵释旅，示天下不复用也"[④]。但是东西方相距甚远，如果将军队全部撤回己方根据地，被征服地域的民族若发生叛乱，再集结兵力、远涉山水赶去镇压，则不免师老兵疲、贻误战机了。所以，胜利者在还师之前，往往将部分兵力留驻当地，控制一些军事重镇，起到威慑作用。而一旦发现被征服民族有不逞之举，可以及时做出反应，就近出动兵力平叛。即便对方势力强大，也能够暂时守住要地，抑制敌人的进攻，不使战火蔓延，这样就能争取到时间，出兵救援反击。

---

①《尚书·汤誓》。
②《尚书·汤诰·序》。
③赵光贤：《说〈逸周书·世俘〉篇并拟武王伐纣日程表》，《历史研究》1986年第6期。
④《史记》卷4《周本纪》。

　　留驻兵力的第一类地点是被征服王朝或邦国的都城，那里是敌对民族的政治中心，附近人口稠密，是亡国的旧贵族、遗民的聚居之地，反抗征服的力量最为集中，蕴藏着很多不稳定因素，属于最有可能爆发动乱的地点。在此地驻军可以针对上述威胁，最有效地预防、制止叛乱的发生，所以征服者常在当地或附近设置别都、诸侯国都，驻以重兵。如汤灭夏后，在夏都斟鄩附近的偃师建立别都"西亳"，筑城屯兵，以为军事基地[①]。武丁击败晋南夏族遗民"土方"后，也在"夏墟"所在的唐（今山西省翼城县）"作大邑"，镇守一方[②]。周公东征平叛后，"以武庚殷余民封康叔为卫君，居河、淇间故商墟"[③]。又悉封宗亲、功臣带兵进驻东夷各邦之都，如太公往薄姑，伯禽往奄，受封者占据原夷邦都城，将被征服民族驱至郊野居住，并镇压了莱夷、淮夷的反抗。

　　第二类驻军地点是在枢纽地区，即东西方交界地带的交通冲要，控制了这类地点可以在军事上大有获益，攻则能挥师直入敌方腹地，守则可御寇于藩篱之外。夏朝至周初最重要的战略枢纽是在管城（今河南省郑州市），该地位于中部农耕区的核心，黄淮海平原与豫西山地丘陵接壤之处，扼住横贯东西方的陆路交通干线，地

---

①《汉书》卷28上《地理志上》偃师县班固自注："尸乡，殷汤所都。"《帝王世纪》："偃师为西亳。"《括地志》："河南偃师为西亳，帝喾及汤所都……亳邑故城在洛州偃师县西十四里。"《元和郡县图志》卷5《河南道一》偃师县条："成汤居西亳，即此是也。"河南偃师曾发掘出商代早期都城遗址。
②参阅胡厚宣：《甲骨文土方为夏民族考》，《古代城邦史研究》，第340—353页。
③《史记》卷37《卫康叔世家》。

位十分重要。1955年以来，考古工作者在郑州白家庄一带发现了商代早期的都城遗址，其面积、规模比偃师商城（西亳）和著名的安阳殷墟还要大①。据一些学者结合文献记载分析，汤灭夏后，先在夏都附近建立了偃师商城（西亳），后又在郑州大建都城，作为商王朝的统治中心，其地名仍称为"亳"，即现在学术界所说的"郑亳"②。将首都迁至这一地区，显然具有对西方夏族遗民加强防范和控制的作用。武王克商后，亦将管叔、蔡叔封于此地，领兵镇守以监视殷民与东夷。周公东征平叛、大行分封之后，东西方交界的"天下之中"向西转移到洛邑，周朝在那里筑王城，定九鼎，迁殷民，又把精锐部队"成周八师"派驻此地，来监控东方，守卫关中的门户。

（二）驱迫部分被征服民族离开中部农耕区，到北部、南部荒僻地域

这类措施在历史上出现较早，如舜"乃流四凶族，迁于四裔"③。禹逐三苗。夏朝灭亡后，桀及余众被驱至南巢（今安徽省巢湖市），另一部分夏人逃到北野成为匈奴、大夏之先④。商朝灭亡后，箕子率众入朝鲜，武庚叛乱失败，亦有部分殷民向东北、北方流

---

①孙淼：《夏商史稿》，文物出版社，1987年，第330—345页。
②孙淼：《夏商史稿》，第330—345页。
③《史记》卷1《五帝本纪》。
④《史记》卷110《匈奴列传》："匈奴，其先祖夏后氏之苗裔也，曰淳维。"《史记索隐》引乐产《括地谱》："夏桀无道，汤放之鸣条。三年而死，其子獯粥妻桀之众妾避居北野，随畜移徙。中国谓之'匈奴'。"

亡①。周公东征，"伐奄三年讨其君，驱飞廉于海隅而戮之，灭国者五十"②。亡国的东夷族众有些留在当地接受周人统治，另一些离乡背井，南迁到淮河、长江流域。据顾颉刚考证，奄君被杀后，余众逃至今江苏常州，薄姑氏亡国后徙至苏州，丰国之人迁到苏北丰、沛县一带居住③。

三代的统治民族通过上述行动，改变了中部农耕区内人口、政治势力的分布状况，使被征服的西方或东方减少了土著民族的人数，这一结果对于新王朝的巩固，显然起到了积极的促进作用。被征服民族的故居之地，通常是自然条件优越、适宜农业发展的区域，比较发达、富庶。统治民族用战争、殖民等手段占领了该地，无疑是扩充和改善了本族的生活环境。失败的对手抛弃故乡的田园家产，逃到边远蛮荒地区，经济上受到沉重损失，居住的外界条件又相当恶劣，使他们的生存和发展都受到很大的局限，难以聚集财富，繁衍人口，恢复原有的国力。而留在当地接受统治的被征服民族，人数则大大减少，相对来说较容易控制，即使发生叛乱，镇压起来也要省力得多。迁徙之后，敌对民族集团的力量被分散了，不像原来那样集中和强大，由于生存环境的恶化，又被削弱了经济实力，从而明显地减轻了他们对统治民族造成的威胁。

---

① 《史记》卷38《宋微子世家》："于是武王乃封箕子于朝鲜而不臣也。"《逸周书·作雒》："（成王）二年，又作师旅，临卫政殷，殷大震溃，降辟三叔，王子群父北奔……"

② 《孟子·滕文公下》。

③ 顾颉刚：《奄和蒲姑的南迁——周公东征史事考证四之四》，《文史》第31辑，中华书局，1988年。

（三）将被征服民族的部分人众迁入到己方地域，以便就近监管、弹压

如商汤灭夏后，把一些夏族贵族、平民从豫西迁移到东方的杞（今河南省杞县），靠近商族的根据地。见《史记》卷55《留侯世家》："昔汤伐桀，封其后于杞。"《世本》："殷汤封夏后于杞，周又封之。"《大戴礼记·少闲》："（成汤）乃放移夏桀，散亡其佐，乃迁姒姓于杞。"《左传·襄公二十九年》："杞，夏余也，而即东夷。"

周公东征之后，也把持敌对态度的殷族"顽民"用武力强制迁徙到成周，处于八师的监督之下。另一支殷民"怀姓九宗"则被迁移到晋南的唐地，受姬姓诸侯叔虞统辖。内迁的殷民中有许多贵族，即《尚书·召诰》所载的"庶殷侯、甸、男邦伯"，他们接受周公的命令，指挥属下的"庶殷"、"殷庶"（商族的平民或奴隶）从事筑城等劳作。这些人在故土拥有雄厚的财力和较高的社会地位，具备很强的政治影响与号召能力，却又冥顽不顺，抵触周族的统治，留在当地很可能成为将来组织叛乱的隐患，所以周公把他们迁到卧榻之侧，加紧监控，不使再度生变。

另外，还有部分诸侯因为反形渐露，受到王朝统治者的怀疑，也被强迫入朝，作为人质被扣押起来，待其政治态度转变后再释放回乡。如桀曾拘商汤于夏台，纣囚西伯于羑里。周公平叛后亦将东夷诸邦的许多国君、酋长带回洛邑看管起来，警告他们如果再三叛乱，会受到同样的镇压和囚禁。"尔乃自作不典，图忱于正！我惟

时其教告之，我惟时其战要囚之，至于再，至于三"①。这些人的情况与被迁的殷顽民不同，从周公对他们的讲话来看，"今尔尚宅尔宅，畋尔田，尔曷不惠王熙天之命"②！可见这些诸侯还保持着自己的故土，在洛邑居住是临时性的，一旦证明了对王室的效忠，就能够脱离羁绊，返回家乡。

纵观三代建国后的防御战略，夏初的有关措施最少，几乎看不到这方面有什么记载。夏人对待战败者、附从诸侯的统治手段也比较简单，像诛防风氏，罚有扈氏全族为放牧奴隶等等。古籍中关于"甸服""侯服""要服""荒服"的记载，也反映了夏朝王室与诸侯的隶属关系相当松弛，只对近旁的邦国责以贡职，而距离较远者仅要求它们在名义上服从就行。夏族当时刚刚进入文明社会，国家草创，可能是对如何保障安全的战略问题思虑不周，未做妥善安排。因此禹、启开国之后，只过了一代，便遭到"太康失国"的厄运，为宿敌东夷集团中的有穷氏所颠覆。其原因虽然是多方面的，但缺少预防叛乱的得力措施，也是其中重要的一条。"殷鉴不远，在夏后之世"③。后代的建国者们看来是汲取了前朝的经验教训，制订的防御计划日益严密、完备，加强了对被征服民族的控制和防范，从而有效地巩固了新兴的政权。在少康复国以及成汤灭夏、武王克商之后，尽管还发生过反抗征服的叛乱暴动，但是再没有重演过像"穷寒代夏"那种导致新王朝夭折的悲剧。

----

①《尚书·多方》。
②《尚书·多方》。
③《诗·大雅·荡》。

　　从地理角度来分析，上述防御战略都是针对东西对立的军事形势而制订的。在夏、商、西周时期，东方、西方民族集团始终是我国政治舞台上演出对手戏的两大主角。受当时社会、自然条件的制约，上述格局在这个历史阶段里不会改变，但是双方的力量对比关系可以因人为的影响而发生转化。国君和统帅的高明之处，就是能够正确地认识和驾驭这种形势，运用一切可能的手段来扩展己方的势力范围，将兵力部署在地位价值最高的区域和地点，并且尽量分散、削弱敌方民族集团的人力、物力，缩小或恶化其生存环境。通过上述计划安排，在预想的战争（东西抗衡的军事冲突）爆发之前，已经使自己处于最有利的地位，造成了敌弱我强的战略形势。尽管这种格局本身不能直接取得战果，但是在此优势条件下和敌人交战，会有最大的获胜把握。依据客观地理条件，成功地制订和实施战略计划，这对王朝的建立、巩固起到了至关重要的作用。

郑州在三代战争中的枢纽地位

  郑州古称"管""管城",《括地志》曰:"郑州管城县外城,古管国城也,周武王弟叔鲜所封。"[1]李吉甫云:"管城县,本周封管叔之国,自汉至隋皆为中牟县。隋开皇十六年,于此置管城县,属管州。大业二年改管州为郑州,县又属焉。"[2]"管"在先秦亦称为"关",受封于该地的管叔也叫作"关叔",见《墨子·公孟》:"周公旦为天下之圣人,关叔为天下之暴人。"毕沅注:"'关'即'管'字假音……《左传》云'掌其北门之管',即'关'也。"[3]在商代和周初的铜器铭文里,该地的名称"管"又写作"阑"[4]。邹衡通过考证认为:"郑州在成汤未伐韦以前,本名韦,成汤占据韦以后,筑

①《史记》卷4《周本纪·正义》引《括地志》。
②(唐)李吉甫撰,贺次君点校:《元和郡县图志》卷8《河南道四》,中华书局,1983年,第202页。
③(清)孙诒让撰,孙启治点校:《墨子间诂》,中华书局,2001年,第454页,第432页。
④见《戍嗣子鼎》《父己觯》《宰椃角》《利簋》铭文。于省吾认为"阑"是"管"的初文,"古文无'管'字,'管'为后起的借字"。《利簋铭文考释》,《文物》1977年第8期。徐中舒也说:"阑,屡见于殷商的铜器,其地必去殷都朝歌不远,于氏以为阑为管叔之管,以声韵及地望言之,其说可信。"《关于利簋铭文考释的讨论》,《文物》1978年第6期。

了今郑州商城，加了'邑'，或叫邦。但同时又改称'亳'了，因此又叫'邦薄（亳）'。"[1]中国文明发展的最初阶段——夏、商、西周三代，各民族集团间的战争在规模、范围、次数、手段等方面发生了重大变化。如果从地理角度来考察，这个时代的战争特点之一，就是逐渐形成了近代军事地理学所谓的"枢纽地区"，即位于交通冲要的兵家必争之地。韦、阚、管所在的今河南郑州地区引起了军队统帅们的瞩目，三代建国的君主都曾调兵遣将至此激战，或在这里设置重兵驻防，其中原因何在？下面试作分析：

一、"甘"地与夏初军事冲突的地理背景

据考古发掘证明，郑州地区早在仰韶文化时期，就已经有了大河村、牛寨、二里岗等原始村落遗址。至龙山文化——父系氏族公社阶段，中原各部落集团间的战争愈演愈烈，传说中的西方部族首领黄帝率众东进时，也在这一带长期活动过。黄帝号"有熊氏"，曾"居有熊"[2]。《史记集解》引皇甫谧曰："有熊，今河南新郑是也。"[3]后世所称的"轩辕之丘"也在那里。古籍中记载黄帝所临的

---

①邹衡：《夏商周考古学论文集》，文物出版社，1980年，第250页。

②（清）朱右曾辑，王国维校补，黄永年校点：《古本竹书纪年辑校·今本竹书纪年疏证》，辽宁教育出版社，1977年，第39页。

③《史记》卷1《五帝本纪·集解》引皇甫谧曰。

大隗、具茨之山，亦在与郑州相邻的密县①。后来，当地又成为祝融氏的住地。见《左传·昭公十七年》："郑，祝融之虚也。"夏朝建国之际，初王天下的禹、启率领族众与有扈氏在郑州附近的甘多次激战，史载：

> 禹攻有扈，国为虚厉，身为刑戮，其用兵不止。②
> 禹与有扈氏战，三陈而不服。③
> 《禹誓》曰："大战于甘，王乃命左右六人，下，听誓于中军。"④
> 夏后伯启与有扈氏战于甘泽而不胜……⑤
> 有扈氏不服，启伐之，大战于甘。⑥

一度成为夏族劲敌的有扈氏是东夷集团中"九扈"的分支，住地在郑州以北的原阳县⑦。夏末、商初该地称"顾""雇"，周代称"扈"，杜预注《春秋·庄公二十三年》"盟于扈"条曰："扈，郑地，

---

① 《庄子·徐无鬼》："黄帝将见大隗乎具茨之山。"《水经注·溱水下》："溱水出河南密县大騩（隗）山。大騩，即具茨山也。黄帝登具茨之山，升于洪堤上，受《神芝图》于华盖童子，即是山也。"郭璞注《山海经·中次七经》："今荥阳密县有大騩山。"现河南省密县东南还有大騩镇。
② 《庄子·人间世》。
③ 《说苑》卷7《政理》。
④ 《墨子·明鬼下》。
⑤ 《吕氏春秋·季春纪·先己》。
⑥ 《史记》卷2《夏本纪》。
⑦ 顾颉刚、刘起釪：《〈尚书·甘誓〉校释译论》，《中国史研究》1979年第1期。

在荥阳卷县西北。”即今河南省原阳县西北，曾有扈亭之名。夏族与有扈氏屡次激战的地点“甘”，旧说在陕西户县境内[①]，近世学者多言其谬。郑杰祥经考证后指出：“夏与有扈‘大战于甘’的甘地，据文献记载或依当时的形势，既不应在陕西户县县境，也不应在洛阳市西南，应在今郑州市以西的古荥甘之泽和甘水沿岸。”[②]此说颇获史学界赞同。

为什么甘地在此时成为兵戈屡动的战场呢？这与当时的政治格局以及郑州地区在战略地位上的价值有密切联系。夏朝建立前夕，即将跨入文明时代大门的中国，在政治上逐渐出现了东西对立的地理格局。当时经济发达、文化先进、人口密集的是东亚大陆的中部——黄河中下游地区，它又以太行山脉和豫西山地丘陵的东端为界，分为西方、东方两大区域，即后来周人所谓的“西土”“东土”[③]，代表着黄土高原丘陵和华北大平原。国内最为强大的两股政治、军事力量，就是发祥、活动于西方的华夏民族集团和东方的东夷集团，前者以黄帝、炎帝为祖，夏族、周族同是其后系；后者的代表有太昊氏、少昊氏、蚩尤等部族，商族是其衍生的分支。而南方、中原以西以北地区经济落后，人烟稀少，因此当地民族戎狄、苗蛮的实力较为薄弱，无法在历史舞台上扮演主角。夏朝建立到西周灭亡的千余年内，华夏、东夷两大民族集团的角逐和融合，始终

---

①参见《史记》卷2《夏本纪》之《集解》《索隐》《正义》，《汉书》卷28上《地理志上》。

②郑杰祥：《“甘”地辨》，《中国史研究》1982年第2期。

③参见《尚书·大诰》、《尚书·康诰》、《国语》卷16《郑语》。

是我国政治斗争的主流。这一趋势表现在地域上就是东方与西方的对立冲突，夏、商、西周三代的统治民族，都是在这两个民族集团的相互征战中更替产生的，胜者君临天下，败者俯首称臣。

我国原始社会末期，华夏、东夷集团共同组成了前国家的联合体——酋邦（chiefdom），先后推举了尧、舜、禹为最高首脑——"帝"①。双方的其他部族酋长如皋陶、伯益、契、弃等同在其手下担任各种官职。禹当政时，其部族已成为华夏集团中最强大的一支，夏族的发祥地是在晋南的"夏墟"②，从它势力扩张的过程来看，是先由晋南渡过黄河，到达豫西，逐步控制了伊洛平原和嵩山附近的丘陵台地，并将原来设在安邑、平阳的都城迁到黄河以南、临近东方的阳城、阳翟③。由于势力增强和私有制观念的影响，禹想把帝位传给自己的儿子——启，但这一举动不能不顾忌其他民族首领的反对。当时实力较盛、对夏族领导地位威胁最大的，是东夷集团中以伯益为首领的少昊氏部族。《汉书》记载："秦之先曰柏益，出自帝颛顼，尧时助禹治水，为舜朕虞，养育草木鸟兽，赐姓嬴氏，历夏、殷为诸侯。"④韦昭曰："伯翳，舜虞官，少昊之后伯益也。"⑤其

---

① 谢维扬：《中国国家形成过程中的酋邦》，《华东师范大学学报（哲学社会科学版）》1987年第5期。
② 参见刘起釪：《由夏族原居地纵论夏文化始于晋南》，王文清：《陶寺遗存可能是陶唐氏文化遗存》，皆载田昌五主编：《华夏文明》第一集。
③ 《古本竹书纪年》："（禹）居阳城。"《世本·居篇》："禹都阳城。"《史记》卷2《夏本纪·正义》引《帝王纪》："禹受封为夏伯，在豫州外方之南，今河南阳翟是也。"《史记》卷4《周本纪·集解》引徐广曰："夏居河南，初在阳城，后居阳翟。"
④ 《汉书》卷28下《地理志下》。
⑤ 《国语》卷16《郑语》韦昭注。

故居"少昊之墟"在鲁西南平原、今山东曲阜一带①。伯益的族众强盛，在禹死后几乎代启为天子，启是在打败伯益之后，才最终确立夏朝统治的。

夏族若想取得君临万邦的领导地位，必须战胜活动在豫兖徐平原（古豫、兖、徐三州交界处，今豫东、鲁西南、苏北平原）与河内（今豫北、冀南平原）的东夷各族，可是从夏族居住的豫西向上述两地进军，势必要经过郑州地区，那里正处于中原的核心，处在西方、东方两大区域交界的边缘。该地南通陈、蔡，北临黄河延津渡口，西对天险雄关虎牢，东边则是一望无际的黄淮平原，为四通五达之衢，地理位置十分重要，古人称其"阃域中夏，道里辐辏"②，"雄峙中枢，控制险要"③，是联系东西、南北往来的交通枢纽。夏族在控制豫西以后，下一个战略目标就是打败东夷各族，将自己的统治范围扩大到东方。而从嵩高地区出兵，无论是北渡济水、黄河，进入河内，或是东出豫兖徐平原，盘踞在郑州以北的有扈氏部族都是其首要障碍，威胁和阻挡着夏族向东方的进军。对禹、启来说，惟有消灭这只拦路虎，占领郑州地区这个十字路口，征服东夷的军事行动才能得以顺利进行。

其次，从地貌上分析，秦岭自陕西南部伸入河南，逐渐显出余

①（宋）李昉等：《太平御览》卷79《皇王部四》引《帝王世纪》："少昊帝名挚……邑于穷桑，以登帝位，都曲阜。"中华书局，1960年，第370页。
②（清）顾祖禹撰，贺次君、施和金点校：《读史方舆纪要》卷46《河南一》，中华书局，2005年，第2132页。
③（清）顾祖禹撰，贺次君、施和金点校：《读史方舆纪要》卷47《河南二》，第2197页。

脉的特点，一方面高度降低，山势变缓；另一方面分成嵩山、熊耳山、外方山、伏牛山等数支山脉，呈扫帚状展开、解体，至今京广铁路境内沿线以西消失。黄土台地丘陵和豫东平原的分野明显，呈阶梯状。郑州处在黄淮平原的西端，附近地势平坦，利于兵车列阵驰骋。夏朝至春秋时期，上古国家军队的主体是贵族甲士充当的车兵，马拉双轮战车是其重要装备，而骑兵尚未出现，步兵——徒卒多由庶民、奴隶充当，隶属于车兵，作战时组成小方阵，簇拥着战车前进，在会战中不起决定作用。杨泓先生曾谈道："这些徒兵装备简陋，他们也不会心甘情愿地去为奴隶主卖命，所以当时决定战斗胜负的，主要是靠奴隶主阶级之间的车战。当一方的战车被击溃以后，真正的战斗就结束了。"①

夏朝的车战在历史上不乏记载，如《尚书·甘誓》写甘之战前，夏启誓曰："左不攻于左，汝不恭命；右不攻于右，汝不恭命；御非其马之正，汝不恭命。用命赏于祖，不用命戮于社。"《司马法·天子之义》曰："戎车，夏后氏曰钩车，先正也。殷曰寅车，先疾也。周曰元戎，先良也。"《释名·释车》："钩车以行为阵，钩股曲直有正，夏所制也。"夏朝末年成汤伐桀，即以"良车七十乘，必死六千人"②为先锋。三代的兵车庞大笨重，作战时又要排开阵形，列成横队冲击，因此战场必须在空旷平坦的原野上，遇到山林、沼泽等复杂地形，战车就行动不便，难以发挥出威力。如兵

---

① 杨泓：《战车与车战——中国古代军事装备札记之一》，《文物》1977年第5期。
② 《吕氏春秋·仲秋纪·简选》。

家所言："步兵利险，车骑利平地。"①郑州地区不仅处于交通冲要的位置，而且临近的自然地形条件也适于战车部队的运动、列阵和冲杀，所以被夏族和有扈氏两方选择为战场，多次展开殊死的搏杀。

夏禹在对有扈氏用兵以前，先从豫西南下，打败了三苗（有苗）②。《战国策·魏策二》载："合仇国以伐婚姻，臣为之苦矣。黄帝战于涿鹿之野，而西戎之兵不至；禹攻三苗，则东夷之民不起。"反映了东夷与三苗通婚，而与夏族相仇，所以拒绝发兵从禹出征。而禹在进攻劲敌东夷之前，先征服其姻国有苗，解除了南翼的威胁，也削弱了敌方集团的力量。经过禹、启父子两代的反复用兵，终于在甘地击败了有扈氏，将其全族罚为"牧竖"，并打开了进军东方的大门。甘之战是夏王朝的奠基礼，《史记》卷2《夏本纪》载启"灭有扈氏，天下咸服"，借此取得了中原各族领导者的地位和权力。

夏启在战胜有扈氏之后，采取了以下军事行动：

1. 诛伯益。双方的斗争见下列记载。《古本竹书纪年》："益干启位，启杀之。"《韩非子·外储说右下》："古者禹死，将传天下于益，启之人因相与攻益而立启。"《战国策·燕策一》："启与支党攻益而夺之天下。"

据《今本竹书纪年》所载，伯益在启即位的第二年离开他，回到山东故国，同年启在甘地打败有扈氏。而伯益被杀、少昊族被征服是在四年以后，即启在位的第六年。

---

①《史记》卷106《吴王濞列传》。
②《墨子·兼爱下》《墨子·非攻下》。

2. **征西河**。《路史·后纪》卷13注引《竹书纪年》载启二十五年征西河，《今本竹书纪年》则称："（启）十五年，武观以西河叛，彭伯寿帅师征西河，武观来归。"夏商之西河不在晋南，而在今豫北安阳一带①。《吕氏春秋·季夏纪·音初》曰："殷整甲徙宅西河。"《竹书纪年》亦作"河亶甲整即位，自嚣迁于相"。是谓西河即相。又《太平寰宇记》载相州安阳县有"西河"②。可见启在甘之战后先后进军鲁西南和豫北，如果不打败有扈氏，控制郑州地区，上述军事行动是无法进行的。

夏启死后，由于即位的太康"盘于游田，不恤民事"③。结果又被东夷的有穷氏打败，亡国长达数十年。有穷氏首领后羿、寒浞代夏统治期间，与夏族的残余势力进行了长期、反复的斗争，直到少康复国，才又恢复了夏朝的统治。这一阶段双方战斗、流徙、定居的地点与涉及的邻国、部族有十余处，如斟鄩、斟灌、鉏、穷石、寒、商（帝）丘、过、戈、缗、有仍、虞、纶等，或在豫西伊洛平原，或在豫东、山东半岛，不见有关郑州地区的记载④。尽管有穷氏西征河洛与夏人复进豫东、鲁西南，都要经过郑州地区，却未见到

①钱穆：《子夏居西河在东方河济之间不在西土龙门汾州辨》，《先秦诸子系年》，中华书局，1985年，第128页。
②（宋）乐史撰，王文楚等点校：《太平寰宇记》卷55《河北道四·相州安阳县》："西河，按《隋图经》云：'卜商、子夏、田子方、段干木所游之地，以魏、赵多儒学，齐、鲁及邹皆谓此为西河，非龙门之西河也。'"中华书局，2007年，第1137页。
③《尚书·五子之歌》伪孔传。
④刘绪：《从夏代各部族的分布和相互关系看商族的起源地》，《史学月刊》1989年第3期。

在那里交战的史迹，似乎该地的防务不太受人重视。启之后，历代夏王的都邑据《竹书纪年》所载如下：太康、桀居斟鄩（今河南省巩义市、偃师县间）；相居商丘（今河南省商丘市），或作"帝丘"（今河南省濮阳市），后居斟灌（今山东省寿光市）；帝宁（杼）居原（今河南省济源市），迁老邱（今河南开封市祥符区陈留镇）；胤甲居西河（今河南省安阳市），也都不在郑州附近。直到夏朝末年，郑州地区的战略价值再次陡升，复受关注。

二、"韦"地对商汤灭夏作战方略的影响

夏桀之时国力已衰，无力镇抚东方，故将都城西迁至伊洛平原的斟鄩。商汤起兵灭夏前居亳，据王国维考证，其地在山东曹县南[1]。汤伐桀的作战经过，《诗·商颂·长发》曰："韦、顾既伐，昆吾、夏桀。"朱熹注："初伐韦，次伐顾，次伐昆吾，乃伐夏桀，当时用师之序如此。"[2]成汤是在接连打败这三个邦国后，兵临夏桀城下的。旧说韦在河南滑县、顾在山东范县[3]，近世学者多议其非，如王国维、顾颉刚、陈梦家、李学勤等皆指出"顾"即商代之"雇"、周代之"扈"，地在南临郑州的原阳县境，及夏初有扈氏所居之地[4]，

---

① 王国维：《观堂集林》卷12《史林四·说亳》，第520页。
② （宋）朱熹集注：《诗集传》卷20《商颂》，中华书局，1958年，第246页。
③ 《水经注》卷8《济水》、《元和郡县图志》卷11《河南道七》。
④ 参见王国维：《殷虚卜辞中所见地名考》，《观堂别集》卷1；陈梦家：《殷虚卜辞综述》；李学勤：《殷代地理简论》。

而韦即在河南省郑州市①。昆吾之国，史载夏初原居濮阳，后迁到许（今河南省许昌市）②。但是考古发掘表明，许昌地区并未发现当时的夏文化遗址。邹衡钩稽史料，结合考古发现，判断夏末的"昆吾之居"很可能在今郑州地区新郑的"郑韩故城"近旁。他还从地理形势方面分析："孟家沟和曲梁都在郑州以南数十里以内，这两个夏属邑聚的存在，对成汤所居的亳城来说，无疑是很大的威胁。且此两地，西与嵩山相邻，尤其是曲梁，正处丘陵地带的边缘，由此西去，乃是夏都邑阳城（告成镇）所在，由此往东，则是广大平原，其在古代军事上的重要地位是显而易见的。因此，成汤西向征夏，必先占领此二邑聚，可以说，这是入夏的门户，而与'韦、顾既伐，昆吾、夏桀'的作战路线也是正好相合的。"③

《史记》卷65《吴起列传》称："夏桀之居，左河济，右泰华，伊阙在其南，羊肠在其北。"是说夏朝末年王畿的范围是以伊洛平原为中心，东到黄河与济水的分流之处（即今郑州以西的荥阳），西至华山，南抵洛阳龙门，北临太行山的羊肠坂。而顾（今河南省原阳县）、韦（今河南省郑州市）、昆吾（今河南省新郑市）三个诸侯邦国，正位于王畿的东界，自北向南依次而列，成犄角之势，封闭了东方之敌西进河洛的交通要道。商族及其东夷诸盟邦，无论自河内南下，或是从豫东平原西来，势必要经过此地，可见这三个属

---

① 邹衡：《夏商周考古学论文集》，第250页。
② 《国语》卷16《郑语》韦昭注："……其后夏衰，昆吾为夏伯，迁于旧许。"《路史·国名纪丙》："昆吾，己姓，樊之国，卫是。澶之濮阳，昆吾氏之虚也……夏末迁许。"
③ 邹衡：《夏商周考古学论文集》，第232页。

国乃是夏朝王畿的东部屏藩，对于国家安全保障具有十分重要的战略意义。商族大军自梁宋而来，韦地（郑州）首当其冲，因此出现了"韦、顾既伐，昆吾、夏桀"的用兵次序。

商汤在发展势力、灭亡夏朝的行动中，充分考虑到郑州地区在军事上的重要性。商族发祥于河内的滴水流域，成汤时强大起来，从其扩张、进军路线来看，在它国力有限的初兴之时，并没有南渡河、济，直接进攻郑州地区这一战略枢纽，而是小心翼翼地向东南渡过黄河，进入鲁西南平原，与那里的东夷部族联合，并把都城和族众迁到亳（今山东省曹县西南），直到控制了整个东方，才公开叛夏，出兵直指韦、顾、昆吾所在的郑州地区。这项举措在战略上的好处主要有二：

其一，如果从故居的滴水流域向南发展，前有黄河、济水阻隔，对岸的两个敌国韦、顾临近夏朝王畿，南渡河济的行动势必要和敌军主力发生直接冲突，又会陷于背水而战的不利局面，这对于羽翼未丰的商族来说，显然是能力不足、无多把握的。而向东南方向发展，迁都到亳，先控制鲁西南地区，再折向西进，前途多是平川旷野，没有大河的阻拦，有利于军队（特别是车兵）向夏朝腹地——伊洛平原的运动。

其二，亳的位置正处于东方的中心，《读史方舆纪要》引朱黻曰："曹南临淮、泗，北走相、魏，当济、兖之道，探汴、宋之郊，自古四战用武之地也。"[1]其北邻的陶（今山东省菏泽市定陶区），后

---

[1]（清）顾祖禹撰，贺次君、施和金点校：《读史方舆纪要》卷33《山东四·曹州》，第1571页。

来被称为东方的"天下之中"①。因为这一带位置居中，交通便利，也成为古代帝王召集东方诸侯、举行盟会的场所。如夏桀曾在亳地东北作"仍之会"②，商汤在亳作"景亳之命"③。亳地周围有众多的东夷邦国，如奄、有缗、有仍，特别是西邻的有莘氏，与商族首领联姻通好，是其政治上最重要的盟友，成汤的辅相伊尹就是该族人，史称"汤与伊尹盟，以示必灭夏"④。《说苑》卷13《权谋》曰："汤欲伐桀，伊尹曰：'请阻乏贡职，以观其动。'桀怒，起九夷之师以伐之。伊尹曰：'未可！彼尚犹能起九夷之师，是罪在我也。'汤乃谢罪请服，复入贡职。明年，又不供贡职。桀怒，起九夷之师。九夷之师不起。伊尹曰：'可矣！'汤乃兴师伐而残之。"可见，东夷各邦是否拥商反夏、对成汤决定起兵伐桀是至关重要的因素。东夷集团政治态度的转变，与商都迁亳后对其影响增强有着密切的关系。

商汤势力壮大后，自亳出师灭夏，用兵的次序是先扫灭不服从自己的邦国，如葛等，然后穿过豫东平原，直取战略要地郑州地区，先攻克韦（郑州），再北上灭顾（原阳），南下取昆吾（新郑），打破了这三个属国构成的防御屏障，夏朝的王畿门户洞开，商族大军便可直捣夏都，在斟鄩之郊的鸣条击败敌人，攻占伊洛平原。

1955年以来，考古工作者在郑州白家庄一带发现了商代早期的都城遗址，其面积、规模比偃师商城和著名的安阳殷墟还要大。据

---

①《史记》卷41《越王勾践世家》、《史记》卷129《货殖列传》。
②《左传·昭公四年》。
③《左传·昭公四年》。
④《吕氏春秋·慎大览》。

　　一些学者结合文献记载分析，汤灭夏后，先在夏都斟鄩附近建立了偃师商城（西亳）；此后不久，又在韦地（郑州）建起一座规模更大的都城，作为商王朝的统治中心，其地名称"郼"，亦称"亳"，即古籍中的"郼薄（亳）"，现在学术界所称的"郑亳"①。将首都迁至这一地区，显然具有对西方夏族遗民加强防范和控制的作用，该地在战略上的重要价值不言自明。

　　商朝建立后国都屡徙，自祖乙迁邢之后，就定都于黄河以北，"薄"在金文中便改称"阑"；直到商朝后期，根据《戍嗣子鼎》《宰椃角》《父己觯》等商朝铜器铭文所载，阑邑仍设有宗庙、"大室"，被当作别都②，商王曾数次到此赏赐臣下。这时的郑州——"阑"，仍然是军事重镇。《史记》卷65《吴起列传》曰："殷纣之国，左孟门，右太行，常山在其北，大河经其南。"是说商朝后期王畿的范围，东至孟门山（商都朝歌东北）之险隘，北据恒山，南带黄河。王畿的南端就是临近黄河的阑邑。"阑"的初义为门外的栅栏，见张仪谓楚怀王曰："而令仪亦不得为门阑之厮也。"③引申为阻隔、边防，见《战国策·魏策三》："晋国之去梁也，千里有余，河山以兰（阑）之。"《汉书》卷96下《西域传下》："今边塞未正，阑出不禁。""郼薄"改称"阑"，即表明它由政治中心转变为边关重镇，起着藩卫王畿的作用。

①孙淼：《夏商史稿》，第330—345页。
②杨宽：《商代的别都制度》，《复旦学报》（社会科学版）1984年第1期。
③《史记》卷40《楚世家》。

三、"阑（管）"与武王伐纣的战略部署

在周族灭商的过程里，占领"阑"，即文献中的"管"也是重要步骤之一。周人在勘黎、伐于、伐崇后，基本上控制了晋南和豫西，它进攻商都朝歌可以走两条路线，一条是自丰镐至洛邑后继续东进，经巩、偃师、虎牢、荥阳至阑（管），然后北渡济水、黄河，抵达朝歌之郊。另一条是自洛邑北上，在孟津渡河，再沿黄河北岸往东北方向进军，到达牧野。武王、太公选择了后一条道路，因为若从阑（即管）邑北进，需要涉渡济水、黄河两条巨川，庞大的战车部队渡河行动费时费力，相当繁复。当地距离商朝王畿和敌军主力较近，渡河时易受阻击，只能背水迎敌，犯有兵家之忌，是很被动的。另外，管邑以东、以南的商朝属国若发动袭击，也会对其侧翼造成威胁。但是在孟津渡河，对岸的于（今河南省沁阳市）、黎（今山西省长治市南）等重镇早被周师攻占，大军涉渡时不受敌人干扰，可以免遭"半渡而击"。尽管周师主力伐纣途中未经管邑，但武王在师渡孟津、开赴朝歌之前，仍然先发兵占领了这一战略要地①。

控制管邑对战局发展的有利因素主要有以下两点，第一，能够吸引商朝军队的注意，诱使他们关注管邑周军的动向，借此掩护主力在孟津的渡河行动。第二，当时豫东、豫南还有不少与周人敌对

———————

① 杨宽：《中国古代都城制度史研究》，第37—38页。

的商朝属国，如陈（今河南省淮阳县）、卫（今河南省滑县南）、磨（亦作历、栎，今河南省禹县）、蜀（即蜀泽，今河南省新郑市西南，禹县东北），据《逸周书·世俘》记载，武王在攻克朝歌、灭亡商朝以后，才命令大军分六路南下，去征服它们。周族军队在决战前占领管邑，守住这一交通枢纽，既能北上威胁商都，又能在主力部队奔赴牧野时，有效地保护其侧翼及后方的安全，抵御周围敌对势力可能发动的袭击。《利簋》的铭文表明，武王在克商后的第八天，就已赶到管邑，对功臣进行封赏，并把管和附近的祭（蔡）封给了担当监视商族遗民重任的管叔、蔡叔，让他们带领兵马驻此要地，防备宿敌殷人和东夷的反叛。武王回到丰镐以后，又屡到阑（管）巡视;《逸周书·文政》曰："惟十有三祀，王在管，管、蔡开宗循王。"是言二叔在管开启宗庙迎接，并听从武王训示，这与商代的阑邑内设置宗庙、大室的情况相似，亦表明了它在国家政治生活中的重要地位。

四、周初洛邑的兴建与枢纽区域的西移

周公东征平叛，大行分封之后，东西方交界的战略枢纽自管向西转移到洛邑。周公、召公至洛阳相宅定址，征集各地诸侯与殷人兴筑大城，并设宗庙、建明堂、迁九鼎、徙殷"顽民"，驻以重兵"成周八师"，天子定期至此接受东方诸侯的朝觐述职，洛邑成为周朝的另一个政治中心，也是藩卫镐京、控制东方的新建军事重镇。而管邑的战略地位则一落千丈，不复受人青睐，附近少有居民，渐

次荒芜。西周末年，郑桓公鉴于"王室多故"，率领属民东迁到新郑，"庸次比耦，以艾杀此地，斩之蓬蒿藜藋而处之"[①]。其荒秽情状跃然纸上。枢纽地区从管地移到洛邑的原因，看来主要是由于商末到周初西方的政治地理的结构发生了变化。夏朝到商初，西方主要民族夏族居住生活的基本区域是在豫西的伊洛平原、嵩山附近及南阳盆地，其次为晋南的"夏墟"。而关中平原大部分还处在游牧民族的控制下，虽有个别农耕民族在那里活动，也不免"窜于戎狄之间"[②]。商朝灭夏后，伊洛平原的夏族遗民多被驱散流徙，当地人口减少，经济明显衰退。商朝后期，随着周族的兴起，关中的农业获得了迅速发展，"周原膴膴，堇荼如饴"[③]。那里富饶的自然资源得到开发，丰镐所在的渭水流域成为周族的根据地，为其灭商战争提供了雄厚的物质基础。周朝建立后，天子、百官及周族的主体仍居住在镐京及附近地区。西方的经济、政治中心从伊洛平原西移到关中以后，和战略枢纽管邑之间的延伸距离大大加长了。两地相距有千里之遥，中间又相隔着地形复杂的豫西山地，联系往来与及时驰援都有一定的困难。先秦时军队日行一舍，不过三十里，千里征途要跋涉月余时间，不仅将士疲惫，而且粮草转运也不易进行，会使部队的战斗力大大减弱。《左传·僖公十二年》载黄君曰："自郢及我九百里，焉能害我！"就反映了当时人们对这个问题的认识。

从丰镐沿渭水、黄河南岸东行至管邑的陆路是当时东、西方

①《左传·昭公十六年》。
②《国语》卷1《周语上》。
③《诗·大雅·绵》。

之间的主要交通干线，洛邑正坐落在中途。由该地东出虎牢、荥阳，即到达豫东平原的边缘；北渡孟津，则进入西方另一个经济区域——河东，还能沿太行山麓、黄河北岸抵达原东方政治中心——商都朝歌所在的河内。南下伊阙，穿过南阳盆地，则进入南方主要民族荆楚盘据的汉水流域。特别是洛邑以西，经函谷至桃林的道路穿过险要的崤函山区。顾祖禹曰："自新安西至潼关殆四百里，重冈叠阜，连绵不绝，终日走硖中，无方轨列骑处。"①地势尤为险要，而洛邑的位置正处在这条通道的东口。桃林东至管邑的大道绵延千里，周朝却没有足够的兵力在沿途驻守，因此这条交通干线的两翼是不安全的，南面的荆楚和周王室多次发生激烈的冲突，曾使昭王南征不复，"丧六师于汉"②。北面黄河彼岸，又有迁徙到唐的殷民"怀姓九宗"、河内殷墟遗民，以及散布于晋北、冀北的戎狄诸部。如史伯所称："当成周者，南有荆蛮、申、吕、应、邓、陈、蔡、随、唐，北有卫、燕、狄、鲜虞、潞、洛、泉、徐蒲……是非王之支子母弟甥舅也，则皆蛮、荆、戎、狄之人也。非亲则顽，不可入也。"③如果洛邑空虚，仅将重兵驻扎在管邑，一旦东方有变，管邑之师被牵制住，敌对势力若出奇兵南渡孟津或北进伊阙，占据了洛邑，就会切断关中根据地和管邑的联系，封闭崤函山区的狭窄通道，使周军主力不能由此捷径东进；如果绕道武关或临晋而出，则

---

① （清）顾祖禹撰，贺次君、施和金点校：《读史方舆纪要》卷46《河南一》，第2091页。

② （清）朱右曾辑，王国维校补，黄永年校点：《古本竹书纪年辑校·今本竹书纪年疏证》，第13页。

③ 《国语》卷16《郑语》。

旷费时日，不利于兵力的迅速运动和展开，会使西周军队陷入极为被动的局面。

此外，从地形来看，管邑在大河之南平川旷野之上，属于四战之地，无险可恃。而洛邑所在的伊洛平原则北带邙山、黄河，南据龙门，西阻崤函，东镇虎牢，防御的地理条件要比管邑有利得多。出于上述种种原因，武王灭商后虽然在管邑留下驻军，但仍担心东方的政治局势不稳，惟恐这一战略要地有失，他在与周公的谈话里提到该地的重要性，准备在那里设置重镇①。武王死后，武庚、管、蔡等人发动东方叛乱，企图袭取的首要目标也是洛邑，见《史记》卷37《卫康叔世家》："管叔、蔡叔疑周公，乃与武庚禄父作乱，欲攻成周。"洛邑在战略上的重要地位、作用已为政治家、军事家们所共识，所以，周公东征胜利后全力经营洛邑，在那里大兴土木，屯驻八师，以该城作为监控东方、守卫关中的门户。而对原来的别都、要镇"阚（管）邑"则弃之不顾，终西周一代，此地既未再驻王室重兵，也再没有发生过激战，以致榛莽丛生，人烟疏寥，无复当年金戈铁马、军氛干云的凛凛气象。

----

①《史记》卷4《周本纪》："武王至于周，自夜不寐。周公旦即王所，曰：'曷为不寐？'……王曰：'……自洛汭延于伊汭，居易毋固，其有夏之居。我南望三涂，北望岳鄙，顾詹有河，粤詹洛、伊，毋远天室。'营周居于洛邑而后去。"《逸周书·度邑》："王曰：'……相我不难，自洛汭延于伊汭，居阳无固，其有夏之居，我南望过于三涂，我北望过于有岳，丕愿瞻过于河，宛瞻于伊洛，无远天室。其曰兹曰度邑。'"

三代的城市经济与防御战争

一、夏、商、西周时期的防御战术

公元前519年，楚国令尹囊瓦（字子常）为了防备吴国军队的入侵，在郢都增筑城垣，遭到贵族沈尹戌的批评，其语见《左传·昭公二十三年》："子常必亡郢。苟不能卫，城无益也。古者，天子守在四夷；天子卑，守在诸侯。诸侯守在四邻；诸侯卑，守在四竟（境）。慎其四竟，结其四援，民狎其野，三务成功。民无内忧，而又无外惧，国焉用城？今吴是惧，而城于郢，守已小矣。卑之不获，能无亡乎？昔梁伯沟其公宫而民溃，民弃其上，不亡何待？夫正其疆场，修其土田，险其走集，亲其民人，明其伍候，信其邻国，慎其官守，守其交礼，不僭不贪，不懦不耆，完其守备，以待不虞，又何畏矣？《诗》曰：'无念尔祖，聿修厥德。'无亦监乎若敖、蚡冒至于武、文，土不过同，慎其四竟，犹不城郢。今土数圻，而郢是城，不亦难乎？"

沈尹戌所讲的，是国家防御的一些战略原则，如修明内政，重视农耕，亲附民众，杜绝奢僭，改善与邻国的外交，加强边境和交通冲要的守卫，保养好武器装备等等，认为这些措施是国家安全的根本保障。当时楚国的政治腐败，经济萧条，执政者囊瓦聚敛无度，民不聊生，与属国唐、蔡的关系也陷于破裂，蕴藏着严重的社会危机。沈尹戌借城郢之事，抨击囊瓦的施政，阐明自己的主张。其中值得注意的是，他并不看重城垒在防御作战中的作用，竟然说："苟不能卫，城无益也……国焉用城？"强调如果自己的力量不足以保卫国土，那么筑城、守城也没有什么用处。这种思想使人有些诧异，众所周知，火器发达以前，城垒作为守备工事，对战争的影响曾经是举足轻重的。弱旅困守孤城，抗敌经年累月，迫使强寇无功而返、甚至反败为胜的战例，历史上屡见不鲜。就拿沈尹戌所在的春秋时期来说，公元前567年，齐军历时一岁，才攻陷小邦莱国都城。而《吕氏春秋·慎势》记载："（楚）庄王围宋九月，康王围宋五月，声王围宋十月，楚三围宋矣而不能亡。"由于攻城耗时费力，难以奏效，将帅们往往尽量避免进行这种战斗，认为它是迫不得已而采用的下策。如孙武所言："故上兵伐谋，其次伐交，其次伐兵，其下攻城，攻城之法为不得已。"[1]在冷兵器时代，据守城垒对于防御者来说是非常有利的，能够在很大程度上弥补自己战斗力量的不足。像《尉缭子·守权》所称："出者不守，守者不出。一而当十，十而当百，百而当千，千而当万。故为城郭者，非妄费于民聚土壤也，诚为守也。"由此看来，囊瓦虽然治国无术，多有劣迹，但其主持的城郢，就军事角度而言，属于增强国防的必要措施，本

————————

①《孙子·谋攻》。

身是无可厚非的。所以，沈尹戍对这项举措的指摘讥讽，后人或有
不理解者，认为是迂腐之论。如顾栋高在《楚子囊城郢论》中便
列举数例来反驳其观点，说此辈"徒以子囊城郢为嗤笑，而不知城
郢未始非社稷之至计，此又可与楚昭之事连类而并观之也。后宋百
年而金复都汴，木虎高琪筑京城，縻费累巨万，元速不台以百万之
师尽锐来攻，不克，卒讲和而退。唐德宗幸奉天，朱泚围困京城逾
年，卒能歼厥巨魁，光复旧物，此尤深根固本之关于长算，可为明
效大验者也"[1]。

　　春秋时期，随着诸侯争霸战争的加剧，各国的君主、卿大夫
为了增强防御能力，纷纷在封土、采邑上修筑城郭，掀起了一阵热
潮。据《春秋》记载，仅实力中等的鲁国，就新建大小城池19座。
列国的君臣将相都把筑城视为首要政务，像伍员答吴王问时讲："凡
欲安君治民，兴霸成王，从近制远者，必先立城郭，设守备，实仓
廪，治兵库。"[2]而沈尹戍的议论却和时代潮流相背，这不免令人产
生疑问，他的这种思想究竟是从何而来呢？征诸史实，方知沈尹戍
之论是对"古者"，即春秋以前宗法贵族政治、军事经验的总结概
括，其中很重要的一条就是：防御作战时通常不采取固守城池、抵
抗强敌的战术，这反映了夏、商、西周时期战争具有的某些规律和
特点。试析如下：

　　三代（夏、商、西周）是华夏文明发展的最初阶段，尽管考

_____

①（清）顾栋高：《春秋大事表》卷23《春秋楚令尹表》，中华书局，1993年，
　　第1842页。
②《吴越春秋·阖闾内传》。

古发掘表明，早在四千年前、夏朝建立之际就出现了以王城岗、平粮台古城为代表的早期城堡，后来又有了墙垒周长数公里的偃师商城、郑州商城；但是综观三代的战争经过，却很少见到依托城池抵抗强敌围攻的记载，更没有成功的战例。春秋以后，像田单守即墨、刘秀战昆阳、拓跋焘攻盱眙、唐太宗围安市那种守城者以少胜多的战例不胜枚举，而三代却是绝无仅有的。从历史上看，夏、商、西周的大规模战争中，处于防御态势的一方采取的战术，通常是以下几种：

1. **出城迎战**。防御者自忖可与来犯之敌一决高下，便倾巢出动，离开城邑，在郊外的原野上摆开阵势，进行会战，"争一日之命"①。这种情况在三代最为常见，如禹伐三苗、启伐有扈、成汤伐桀、武王伐纣等。

2. **弃城而逃**。守方估计自己并非强敌对手，便走为上策，逃之夭夭。如古公亶父居豳，戎狄来犯，"乃与私属遂去豳，度漆、沮，逾梁山，止于岐下"②。西周末年，申侯与缯侯、犬戎会师进攻镐京，"幽王举烽火征兵，兵莫至"③。即弃城东走，至骊山下被杀。

此外，在第1类战例中，防御一方在野战失败后，通常也不采取退守城池、继续抵抗的战术，或是像鸣条之战后的夏桀、被周公东征打败的武庚那样，战败后率领族众南逃北窜，远徙他乡；或是像牧野之战以后的纣王，逃回朝歌宫内，自杀了事。

---

①《墨子·明鬼下》。
②《史记》卷4《周本纪》。
③《史记》卷4《周本纪》。

3. **守城拒敌**。虽然认为己方势单力孤，不敢出城迎战，但也不愿抛弃家园，远离故土，因此依托城垒工事来抵御强敌的攻打。这种战例在三代非常少见，史籍所载，惟有文王伐崇一例，"三旬不降，退而修教，复伐之，因垒而降"[①]。结果还是守方失利，全军覆没。特别是在夏、商、西周王朝灭亡之际，没有一位君主企图以守城战术来负隅顽抗，这和北宋、金、明几朝末代皇帝困守孤城、抵抗强敌围攻的情况形成鲜明的对照。司马懿曾讲："能战当战，不能战当守，不能守当走。"[②]而三代防御一方的君主将帅，在敌强我弱的形势下，往往是如不能出战，即当逃走，极少采用守城抗敌的对策。应该说，沈尹戌轻视守城战术的思想，确实与三代流行的防御原则相符合，那就是面对来犯的优势之敌，假若无力出兵迎战，最好不要守城，还是远走为妙。

二、三代作战不据城防守的原因

为什么夏、商、西周的君主统帅处于被动防御态势时，通常不愿意依托城池来进行抵抗呢？主要原因在于，三代的都邑不像春秋以后的城市那样具备坚固、持久的防御能力。在当时的客观环境下，统帅们认为守城战术难以经受强敌长期围攻的考验，因此多不愿采用它。军队使用何种战斗方法，取决于他们所掌握的武器装备以及进攻和防御的手段，而这些归根结底是由当时的物质生产条件

---

① 《说苑》卷15《指武》。
② 《晋书》卷1《宣帝纪》。

决定的。城市的防御能力包括多种因素，如规模、布局、筑垒的形式和材料，防守器械与人口、兵员、粮草和其他物资等等。在各个历史时期，生产力、社会分工、商品经济处于不同的发展阶段，城市的防御能力也就有强弱之分，存在着明显的差别。例如原始社会末期出现的城垒，只是在民众聚居的村落周围，修筑起简陋的围墙、栅栏和壕沟，用来防备邻近部落的掠夺袭击。而到春秋战国时期，封建经济得到迅速发展，使城市的规模、人口、财富显著增长，"千丈之城、万家之邑相望也"①。不仅形成了临淄、郢、邯郸、大梁等富冠海内、居民繁众的名都，就连宜阳这样的大县，也是"城方八里，材士十万，粟支数年"②。城市的防御能力由此得以提高，使其长期固守成为可能，据守城垒抗击强敌的战术才开始普遍运用。而这些物质条件，恰恰是三代的城市并不具备的。和后代相比，夏、商、西周时期的城市属于经济不发达的早期形态，缺乏持久防御作战的能力，其表现在于以下几个方面：

1. 城垒规模普遍较小。战国名将赵奢曾追述过三代城邑的情况，"古者，四海之内，分为万国。城虽大，无过三百丈者；人虽众，无过三千家者"③。从出土的遗址分布来看，夏、商、西周时期除了王朝的都城范围较广，其他古城的筑垒规模均很有限。如夏初的河南登封王城岗古城，是东西并列相连的两座小城，中间是二城共同的隔墙，根据残存的墙基计算，两城的边长都不过100米，总

---

①《战国策·赵策三》。
②《战国策·东周策》。
③《战国策·赵策三》。

面积为0.02平方公里[1]。同时期的河南淮阳平粮台古城，城址呈正方形，长宽各185米，面积约为0.034平方公里[2]。山东章丘的城子崖古城、寿光的边线王古城，是夏代东夷方国的旧迹，前者墙址南北长450米，东西长390米，面积约为0.175平方公里；后者边长220米，面积约为0.44平方公里[3]。湖北黄陂的盘龙城，被认为是商代方国的都邑，南北墙长约290米，东西长约260米，面积约为0.075平方公里[4]。而中华人民共和国成立以来发现的数十座春秋战国城市遗址里，诸侯大国、中等国家如齐、楚、吴、郑、韩、赵、魏、鲁国的都城面积，多在15—20平方公里左右，其中燕下都故城遗址面积达32平方公里。小邦如山东的薛城、邾城，墙址周长约10公里，面积约6平方公里。其他小城，周长一般在5公里左右，面积约1.56平方公里[5]。和三代城垒的普遍规模相比，显然是有天壤之别了。

　　三代城垒规模普遍较小的主要原因有两条，一是生产力水平低下。这个时期的中国刚刚跨入文明社会的大门，在考古学分期上属于青铜时代，由于青铜工具稀少贵重，人们在农业生产中还广泛使用着原始的木器、石器，未用牛耕，劳动效率很低；又采取抛荒休耕的农作法，占地多，产量少，所能供养的人口自然远远少于

---

[1]安金槐、李京华:《登封王城岗遗址的发掘》,《文物》1983年第3期。

[2]曹桂岑、马全:《河南淮阳平粮台龙山文化城址试掘简报》,《文物》1983年第3期。

[3]伍人:《山东地区史前文化发展序列及相关问题》,《文物》1982年第10期。

[4]湖北省博物馆盘龙城发掘队、北京大学考古专业盘龙城发掘队:《盘龙城一九七四年度田野考古纪要》,《文物》1976年第2期。

[5]《中国军事史》编写组:《中国军事史》第六卷《兵垒》,解放军出版社,1991年,第31页。

后代。另一方面，作为掘土翻地的工具材料，红铜太软，青铜又太脆，容易断裂，加上金属本身的贵重，是不适宜的。因此土方建筑工程所用的器具，也是以木、石材料为主，效率不高。二是政治上处于部族、邦国林立的状态，诸侯众多，与王室的关系又很松散，统治的范围都比较小。如王夫之所称："三代之国，幅员之狭，直今一县耳。"[1]受此制约，他们各自拥有的人力、物力均很有限。薄弱的经济基础，简陋的技术条件，劳动力和财富不足，使一般的部族、邦国没有力量构筑高大广阔的城池。只有三代的王室，掌握了最高领导权，统治着国内最强大的民族（夏族、商族），还能征发属下邦国的人力、财物，才有可能建造"大邑"。如商朝前期的国都——郑州商城，墙址周长6960米，平均底宽约20米，顶宽约5米，高约10米[2]。构筑城墙需要挖土约170万立方米，夯土约87万立方米，据有关专家计算，在当时的劳动条件下，假如每天投入1万名劳动力进行作业，以最高的效率计算，也需要8年的时间才能完成[3]。"如果不是最高统治者所在之地，没有充足的人力、物力，是很难筑成如此规模宏大的城池的"[4]。因此，限于当时的生产条件和政治状况，三代大部分城市的规模、面积很小，筑垒设施简陋，所容纳的人

---

[1]（清）王夫之：《读通鉴论》卷19《隋文帝》，中华书局，1975年，第551页。

[2]北京大学历史系考古教研室商周组编著：《商周考古》，文物出版社，1979年，第58页。

[3]河南省博物馆、郑州市博物馆：《郑州商代城址试掘简报》，《考古》1977年第1期；河南省博物馆等：《郑州商代城遗址发掘报告》，文物编辑委员会编：《文物资料丛刊》第1期，文物出版社，1977年。

[4]《中国军事史》编写组：《中国军事史》第六卷《兵垒》，第18—19页。

员、物资有限，很难抵抗优势之敌的持久强攻。

2. **有城无郭，非密封式规划。** 夏、商、西周王朝的都城，已探明的旧址分布较广，像殷墟和丰、镐遗存能达到20余平方公里，和春秋战国诸侯都城的面积相仿，远远超过了同期的小邦城邑。但是为什么三代王室的统治者在敌军兵临城下时，也从来不采取守城拒敌的战术呢？很重要的一个原因是：三代属于中国都城发展史上的最初阶段，城市的规划布局很不完善，首都或是没有城墙，或者只是君主居住的宫城有墙，而平民的居住区、手工业作坊区却没有城墙——"郭"的保护，缺乏抵御强敌进攻的可靠屏障。

例如，河南偃师的二里头城市遗址，东西长达2.5公里，南北达到1.5公里，面积约3.75公里。学界经过论证，认为是夏朝后期的都城斟鄩，而城市的四周并没有城墙，只是在遗址中间发现了一座建有土围墙的宫城，边长仅为100米左右。"该土围墙建立在一个大型夯土台基之上，台基高约3米，边缘部分为缓坡状，宫墙就筑在缓坡内边缘部位。墙内全是宫殿建筑遗址，总面积约1万平方米"①。四周则分散地存在着若干居民住所和手工作坊的遗址，未发现有城墙或墙基的任何痕迹。

河南郑州商城的年代稍晚一些，被视为商汤灭夏后建立的国都——薄（亳），即考古学界所称的"郑亳"。它的遗存分布约有25平方公里，却只有一个面积约3平方公里的夯土城圈，城圈的东北部有大片的宫殿残址，城圈外还有许多民房和手工作坊（冶铜、制

---

①《中国军事史》编写组：《中国军事史》第六卷《兵垒》，第12页。

骨、制陶）的遗迹，"这种分布情况，表明了当时土城内和土城外的整体性，很难把这一城市的范围，局限在城墙内这一部分"①。

湖北黄陂的盘龙城，始筑年代略迟于郑州商城，面积也要比它小得多。从城内发掘情况来看，亦为宫城。居民区和手工业区是在城北的杨家湾、西北的楼子湾和城南的卫家嘴等地，也没有城墙护卫②。

商代中期迁都于殷（河南安阳），据《古本竹书纪年》记载："自盘庚徙殷至纣之灭，二百七十三年，更不徙都。"通常认为安阳小屯是宫殿区，以它为中心，在东、南、西三面的总面积达24平方公里的范围内，分布着大量的民居、手工业作坊遗址，出土了许多生产工具、生活用品、礼乐器具和刻卜辞的甲骨，是一个规模巨大的城市。但迄今为止，经过近20次发掘，仍未发现有城墙存在③。

西周的都城遗址，以陕西的丰、镐为例，情形也基本相同。西安市南沣河两岸的丰京和镐京旧址，亦在一二十平方公里的范围内，散布着各种遗存，也没有发现城郭的痕迹④。

另外，据前引《左传·昭公二十三年》沈尹戍所言，楚国自先祖若敖、蚡冒至武王、文王，"土不过同，慎其四竟，犹不城郢"。

---

① 俞伟超：《中国古代都城规划的发展阶段性——为中国考古学会第五次年会而作》，《文物》1985年第2期。
② 湖北省博物馆盘龙城发掘队、北京大学考古专业盘龙城发掘队：《盘龙城一九七四年度田野考古纪要》，《文物》1976年第2期。
③ 北京大学历史系考古教研室商周组编著：《商周考古》，第64页。
④ 陈全方：《早周都城岐邑初探》，《文物》1979年第10期；胡谦盈：《丰镐地区诸水道的踏察——兼论周都丰镐位置》，《考古》1963年第4期。

直到春秋后期才开始增筑城垣①。

从古代中国城市建设布局的历史发展来看，自春秋开始普遍流行大城、小城相套，即内城与外郭结合的密封式规划布局，也就是孟子所说的"三里之城，七里之郭"。内城就是由夏、商、西周时期的宫城演变而来的，主要作用是保护国君、贵族（王室、公室）的安全。外郭则是居民区、手工业区之外增修的城墙，使平民也得到筑垒工事的保障。如《世本》引《吴越春秋》所言："筑城以卫君，造郭以守民。"考古发现的齐、鲁、燕、楚都城与郑韩故城遗址都表明了这一点，同期的其他城市遗存也大致如此。"凡诸侯国都，不论大小，绝大多数均有内、外二城。"②建造了外城，就使城市的防御设施有了纵深配置，守方作战时能够使用、得到筑垒保护的空间大大扩充了，可以用来储备充足的军需、民需物资，驻扎较多的人口、军队；手工作坊得以安全作业——制造、修理兵器和守城械具，才能适应长期防御战斗的需要。而三代防守的都城没有外郭做屏障，平民的住房、手工作坊易被敌军占领、破坏，诸多民众如果退入宫城防守，城内空间狭窄、拥挤不堪，能够容纳的人员、物资受地域范围的限制，难以在长期防守战斗中保证必需的生活条件和军需补给，是无法持久抗敌的。

三代的都城建设为什么不能采用内城、外郭相结合的密封式规

---

① 童书业曾指出："古文献所谓'城'，多指增修城郭，如隐元年传，鲁人'城郎'，九年，又书'城郎'。庄二十九年，鲁人'城诸及防'，文十二年又书'城诸及郓'，襄十三年又书'城防'，皆可证。"童书业：《春秋左传研究》，上海人民出版社，1980年，第233页。

② 《中国军事史》编写组：《中国军事史》第六卷《兵垒》，第31页。

划，使平民居住区和手工作坊区得到筑垒保护呢？原因主要是当时的城市人口分布密度较低，劳力、财力相对不足，缺乏构筑城郭的物质、经济条件。春秋战国的都市民庶繁众，如齐都临淄，据苏秦描述，城中有七万户，仅男子就不下二十一万人，市内居民"连衽成帷，举袂成幕，挥汗成雨"①。楚国的郢都也是"车挂毂，民摩肩，市路相交，号为朝衣新而暮衣弊"②。考古发掘也表明，诸侯各国都城内的宫殿、吏民住宅、手工业作坊鳞次栉比，"各种遗存基本上连成一片，中间很少有空白地带"③。可是与之相比，三代王朝都城的人口分布密度是很低的，从遗址发掘的情况看，宫殿、宗庙、贵族和平民住地、官府手工业区等各种遗迹，通常是在城市总范围内，分散于若干地点，各个地点之间往往是一片没有遗存的空白地带，典型代表是殷墟和西周岐邑、丰、镐遗址。殷墟以安阳小屯的宫殿区为中心，在周围24平方公里的范围内，分布着大司空村、后岗、高楼庄、王裕口村、花园庄、梅园庄、霍家小庄、白家坟、四盘磨等居住遗址和铁路苗圃、北辛庄等手工业遗址，彼此并不相连④。西周岐邑的宫殿、宗庙和贵族住所遗址，在岐山的凤雏、扶风的召陈、强家、庄白等地，普通居民区广泛分布在许多地点，经过发掘的有岐山的礼村、扶风的齐家等地，手工业遗址则在扶风的云

---

① 《战国策·齐策一》。
② （宋）李昉等：《太平御览》卷776《车部五·毂》引桓谭《新论》，第3441页。
③ 俞伟超：《中国古代都城规划的发展阶段性——为中国考古学会第五次年会而作》，《文物》1985年第2期。
④ 参见北京大学历史系考古教研室商周组编著：《商周考古》图四一，河南安阳殷墟商代后期主要遗址分布示意图，第63页。

塘、白家、任家、齐家和召陈等现代村落的范围都有发现。这些遗址，散布在东西约3—4公里，南北约4—5公里的范围内，彼此也并不连接。西安市沣河两岸的丰京、镐京遗址，亦是在一二十平方公里的范围内，于冯村、西王村、大原村、张家坡、客省庄、普渡村等地点分散存在着①。

这种状况的出现，是和三代城市工商业不发达、居民多以务农为业有关。夏、商、西周的都城遗址内，"虽已集中了当时规模最大的、技术最复杂的手工业生产，但许多居住区的出土物内容，同当时的一般村落遗址一样，也有许多农具，不少居民显然就近进行农业生产。一个城市内的若干居民点遗址同村落遗址没有很大差别的情况，正表现出了城乡的刚刚分化"②。古代城市是从乡村聚落发展演变而来的，它和乡村的分离不是一朝一夕完成的，需要一个逐步完善的过程。春秋以后，由于进入铁器时代，生产力发展出现质的飞跃，城乡分化日益明显。乡村居民以从事农业为主，而城市居民则以从事工商业和其他非农业生产或非生产性职业劳动为主，城区范围基本上不进行耕作，土地只供居住或做工、经商、办公，所以容纳的人口就很多。而三代的都邑中，"工商食官"，没有独立的私人手工业、商业，多数居民仍以务农为本业，这样城区内就有相当多的土地用于垦种休耕，占地广阔而人口稀疏。因此，郑州商

---

① 陈全方：《早周都城岐邑初探》，《文物》1979年第10期；胡谦盈：《丰镐地区诸水道的踏察——兼论周都丰镐位置》，《考古》1963年第4期。
② 俞伟超：《中国古代都城规划的发展阶段性——为中国考古学会第五次年会而作》，《文物》1985年第2期。

城、殷墟、丰镐旧址的遗存总面积虽然和春秋战国的诸侯名都不相上下，而人口密度却要低得多，这一点对于城市建设和防御作战来说，都起到了严重的局限、制约作用。

从现存的三代都城遗址来看，城墙最长者，属郑州商城，周长为6960米，城墙内面积约为3平方公里，这恐怕也就是当时动员人力、物力所能完成筑垒规模的极限了。如果要把包括居民区、手工业区在内的城市总范围筑起密封式城垒，面积将达到25平方公里，城墙周长至少需要20公里。这样浩大的工程，当时的物质财富、技术条件和劳动力数量看来是无法承受的，所以只好不筑城墙，或仅筑较小的宫城了。

从另一个角度来讲，城垒的大小必须和居民多少相称，才能组织起有效的防御。春秋战国的军事家们曾经详细地探讨研究过这个问题，如《尉缭子·兵谈》曰："建城称地，以地称人，以人称粟。三相称，则内可以固守，外可以战胜。"《尉缭子·守权》曰："守法，城一丈，十人守之，工食不与焉……千丈之城，则万人之守。"《墨子·杂守篇》也说："凡不守者有五，城大人少，一不守也；城小人众，二不守也……率万家而城方三里。"讲的就是这种情况。三代的都邑范围虽然较广，人口相对集中，但是分布密度太低，即使能在居民区、手工业区外筑起郭墙，也是"城大人少"，缺乏足够的防守兵力，难免被强敌攻陷。如果居民、士卒全部退入宫城抵抗，又会处于"城小人众"的不利境地，说明夏、商、西周都城的非密封式规模和分散的居住状况是不适应长期防御战斗需要的。

3. 生产和贸易不发达，物资储备不足。"争城以战，杀人盈城"①的春秋战国时期，兵学家们在论述守城战术的时候，都很重视保持充足的物资储备，以应付敌方长期围困、进攻之下的大量消耗。像《尉缭子·天官》曰："今有城东西攻不能取，南北攻不能取，四方岂无顺时乘之者耶？然不能取者，城高池深，兵器备具，财谷多积，豪士一谋者也。"特别是强调城中应有蓄积多种货物的市场和富人，这是持久坚守所必需的。《尉缭子·武议》曰："夫出不足战，入不足守者，治之以市。市者，所以给战守也。万乘无千乘之助，必有百乘之市……夫市也者，百货之官也。市贱卖贵，以限士人。人食粟一斗，马食菽三斗，人有饥色，马有瘠形。何也？市有所出，而官无主也。夫提天下之节制，而无百货之官，无谓其能战也。"《墨子·杂守》也说："凡不守者有五……人众食寡，三不守也；市去城远，四不守也；畜积在外，富人在虚，五不守也。"认为要塞得以坚守的几个必要条件包括粮储充裕、市场不能远离城池，蓄积的货物和饶有财资的富人必须屯驻在城内。

春秋战国时期，由于生产、分工和贸易的蓬勃发展，城市居民基本上脱离了农业活动，"工肆之人"的数量显著增加，以致"士农工商"可以并称为国中"四民"。为了满足城内大量非农业人口的消费需要，出现了规模宏大的集中商业区——"市"，它被居民区、手工业区所环绕，受到城郭的安全保护，成为城乡间、地区间经济交流的重要场所。市内商贾云集，百货充盈，战时能为守城提

①《孟子·离娄上》。

供充实的物资保障。随着私营工商业的兴起，又产生了一批结驷连骑、家累巨资的富人，如《管子·轻重甲》所言："万乘之国必有万金之贾，千乘之国必有千金之贾，百乘之国必有百金之贾。"这些人依仗财势，役使贫民奴客，在社会上具有不可忽视的影响。他们积累的巨额财富，也能够有力地支持诸侯国家的战争。如齐国富人"丁氏之家粟可食三军之师行五月"[①]。桓公兵伐孤竹前，"召丁氏而命之曰：'吾有无赀之宝于此。吾今将有大事，请以宝为质于子，以假之子邑粟'"[②]，向他暂借军粮。城市防御作战时，这些富人发挥的作用是相当重要的，所以官府要严密地保护他们。如《墨子·号令》所言："守城之法，敌去邑百里以上，城将如今（令？）尽召五官及百长，以富人重室之亲，舍之官府，谨令信人守卫之，谨密为故。"

夏、商、西周国都的情况则与之截然不同，考古工作者至今未在其城墙以内的遗存里发现有手工业作坊和市肆的痕迹。根据文献记载，三代的都邑也有市场，所谓"大市"，是专为贵族服务的，货物种类少，价格高，有奴隶、大牲畜、贵重武器和奢侈品等。见《周礼·地官司徒》："质人掌成市之货贿：人民、牛马、兵器、珍异，凡卖儥者质剂焉。"而守城所需的物资，多是民间日常生活用品，如《墨子·旗帜》所称："凡守城之法：石有积，樵薪有积，菅茅有积，萑苇有积，木有积，炭有积，沙有积，松柏有积，蓬艾有积，麻脂有积，金铁有积，粟米有积。"这些都是"大市"所不具

---

① 《管子·山权数》。
② 《管子·山权数》。

备的。普通商贩、百姓参加交易的"朝市""夕市"，货物虽以生活日用品为主，但市场规模很小，开放时间短暂，仅一早一晚，商品种类、数量相当少。这两类市场都在宫城之外，没有郭墙的保护，容易被强敌占领、摧毁。还有设在野外道旁的集市，如《周礼·地官司徒·遗人》所载："凡国野之道，十里有庐，庐有饮食。三十有宿，宿有路室，路室有委。五十里有市，市有候馆，候馆有积。"这类市场多是定期的集市，并非每天开放，规模不大，地理位置比较偏僻，是墨子所说的"市去城远"者，对守城并无补益。在社会分工不发达、城乡没有明显分化的上古时代，早期城市在很大程度上还是个"有围墙的农村"，商品经济的色彩十分淡薄。在"工商食官"的制度下，做工经商者隶属于官府，平民无法像春秋战国的巨贾那样拥有大量的财富。种种客观因素的限制，使三代都城没有繁荣、活跃的市场，容纳人口、积累的财富相当有限，因此无法在物资供应方面满足长期防御作战的需要。

　　三代的君主、统帅通常不愿采取守城战术来抵御强敌，还有其他一些原因。例如这个时代的主要兵种是由贵族甲士组成的战车部队，进行野战才能充分发挥其威力，兵车在守城战中没有用武之地。不过，军事活动归根结底是以物质资料生产为保障的。夏、商、西周的生产、交换水平处在较低的状态，因而城市规模普遍较小，都城、"大邑"的人口居住又相当分散，既无封闭式的城郭保护，也缺乏充裕的财富来维持固守战斗；较小的宫城，只能应付突发的动乱、事变和袭击，暂时保护国君、贵族的安全，而无力抵抗强敌的持久攻打。所以守城战役在三代的历史上实属罕见，更没有成功的例子。沈尹戌对囊瓦城郢的批评："苟不能卫，城无益也……国焉用城？"确实反映了"古者"，即春秋以前青铜时代中国战争防御的客观规律：在强敌面前能战当战，不能战当走，困守城邑的战术是不能挫败优势敌人长期围攻的。

春 秋 篇

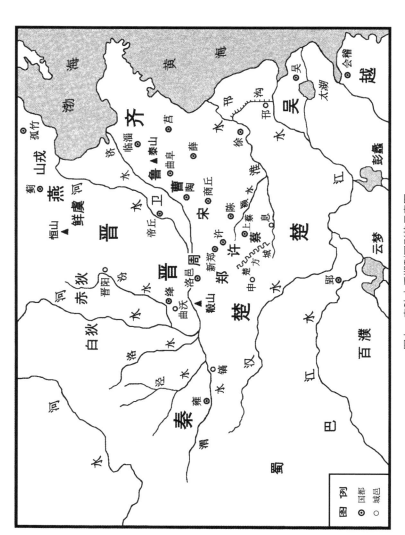

图七　春秋中后期列国形势示意图

渤海

黄海

会稽

越

孤竹

山戎

蓟　燕

鲜虞

恒山

白狄

赤狄

晋阳

河

汾水

水

绛

曲沃

晋

洛水

泾水

雍

水

河

渭水

秦

巴

蜀

百濮

汉水

云梦

江水

郢

楚

穀山

洛邑周

新郑

郑

许

申　颍水

楚　方城

上蔡

蔡　息

陈

淮水

江

彭蠡

太湖

吴

邗沟

邗

徐

泗水

济水

临淄

齐

莒

曲阜

鲁　泰山

曹　陶

卫

帝丘

宋　商丘

薛　薛

图例
◎ 国都
○ 城邑

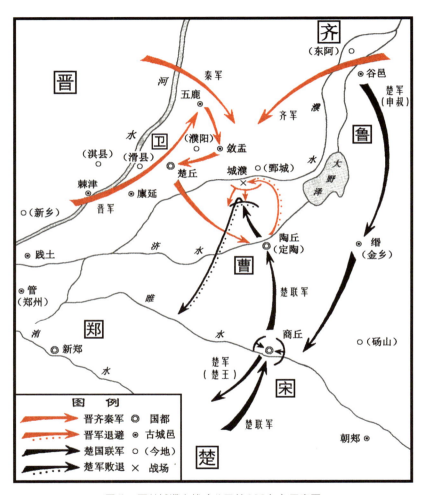

图八 晋楚城濮之战（公元前632年）示意图

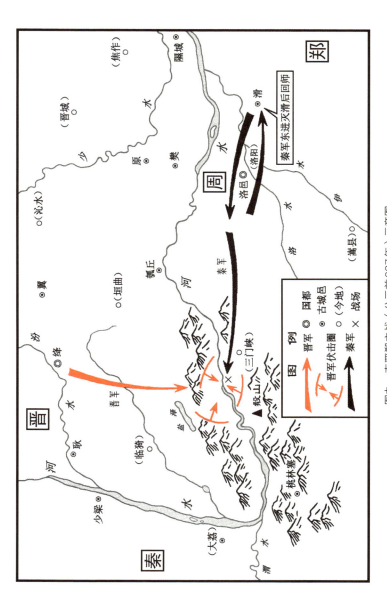

图九　秦晋殽之战（公元前627年）示意图

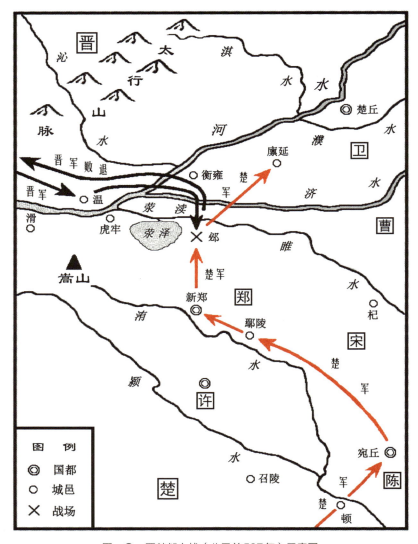

图一〇　晋楚郊之战（公元前597年）示意图

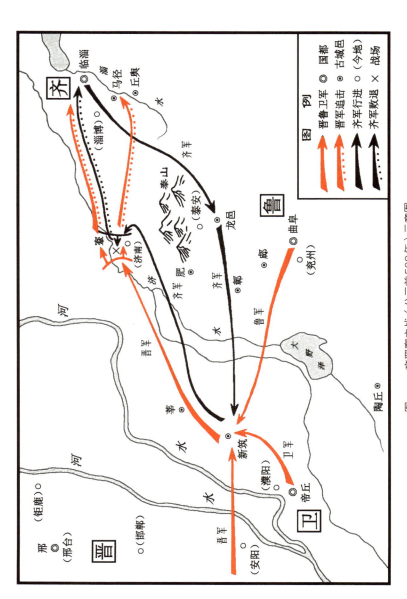

图一一 齐晋鞌之战（公元前 589 年）示意图

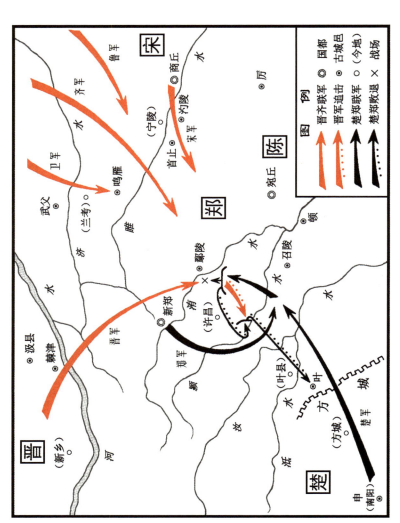

图一二　晋楚鄢陵之战（公元前575年）示意图

春秋地理形势与列强的争霸战略

　　我国历史发展到春秋时期，由于贵族宗法统治制度的衰败与封建生产方式的成长，引发了剧烈的社会动荡，使中国大陆政治力量的分布态势发生了重大变化，形成新的格局，并持续了近三百年，直至战国前期。这一阶段的地理形势具有鲜明的时代特征，齐、晋、秦、楚等强国为了击败对手、夺取霸权，纷纷根据局势的变化而制订出争夺中原地带的战略。详述如下：

一、春秋时期中国政治力量分布态势和列强兴起的地理原因

　　中国古代王朝的疆土，是由若干个自然或人为划分的地理区域构成的，它们在政治生活里有着不同的地位，发挥的影响也有显著差别。在某个历史时期，总是有一个或几个重心地区占据着优势，驻扎着最强的政治势力，他们的活动对全国政局的演变发挥着支配作用。西周时期，全国的政治重心区域是王室直接统治的王畿，它包括关中平原和伊洛平原，以及连络两地交通的豫西走廊。首都镐

京（"宗周"）和别都洛邑（"成周"）设置在两地，由周朝的主力军队"西六师"和"东八师"分别戍守。天子以丰、镐为根据地，定期到洛邑接受各方诸侯的朝觐和贡纳；分封的诸侯邦国散布在四周，拱卫着王室，遵从其指挥、调遣。概如清儒顾栋高所述：

> 武王既胜殷，有天下，大封功臣宗室。凡山川纠纷形势禁格之地，悉周懿亲及亲子弟，以镇抚不靖，翼戴王室。自三监监殷而外，封东虢于荥阳，据虎牢之险；西虢于弘农陕县，阻崤、函之固；太公于齐，召公于燕；成王又封叔虞于晋，四面环峙。而王畿则东西长，南北短，短长相覆方千里。无事则都洛阳，宅土中以号令天下；有事则居关内，阻四塞以守，曷尝不据形胜以临制天下哉！①

至西周末年，犬戎偕申侯、缯侯攻破镐京，杀死幽王，泾渭平原听任戎骑横行，平王被迫放弃丰镐故地，东迁洛邑。全国政治力量的分布态势从而发生了重大变化。王室领土狭小，势力衰弱，丧失了对诸侯邦国的军事优势和统治权力，它所在的伊洛平原因而不再是政治上的重心地域，一时出现了群雄并起角逐的混乱局面。如楚王熊通所称："今诸侯皆为叛相侵，或相杀。"②经过数十年的兼并战争，到公元前7世纪初期，齐、晋、秦、楚实力强盛，脱颖而出，

---

① （清）顾栋高：《春秋大事表》卷4《春秋列国疆域表·后叙》，第548—
　　549页。
②《史记》卷40《楚世家》。

成为中国大陆上对峙争霸的一流强国。随着它们的领土扩张，构成了新的政治地理格局，"晋阻三河，齐负东海，楚介江淮，秦因雍州之固，四国迭兴，更为伯主"[①]。按照当时各个邦国、部族集团在政治活动中地位、影响的差别，中国大陆可以划分为三个较大的地理区域，那就是周王室和华夏、东夷中小诸侯所在的中原地带，齐、晋、秦、楚及后起的吴国等诸强盘踞的弧形中间地带，戎狄、西南夷、南蛮和越人等落后少数民族主要活动的周边地带。

（一）中原地带

其范围由东往西，以沂山、泰山、黄河中游河段为北界；至洛阳盆地的西端折向东南，沿伏牛山、桐柏山、大别山脉到长江下游为南界，顺流而至东海。其外围是齐、晋、秦、楚及吴等争霸强国的疆土。

中原地带的西部，尤其是中部为其主要部分，包括伊洛平原、豫西山地的东段，嵩高、外方以东的豫东平原、鲁西南平原和豫南汝、颍流域的丘陵地区，居住有周王室和郑、宋、鲁、卫、陈、蔡、曹、许等众多华夏中小邦国。其地理位置处于东亚大陆的核心，就自然条件来说，是当时全国最为优越的，有着温暖湿润的气候，适宜于人们居住及农作物的生长。黄河从孟津以下流势渐缓，支流分泻而出，经过多年的堆积，形成辽阔的黄淮海平原及汝颍流域的丘陵坡地，土质肥厚软沃，易于耕作，早在新石器时代便得到

---

①《史记》卷14《十二诸侯年表·序》。

了开发。

豫东、鲁西南平原在古代地势卑湿，湖沼密布，据谭其骧统计，自鸿沟、汝、颍以东，泗、济以西，黄河以南，长淮以北，曾有较大的湖泊约140个[1]，较为著名的如孟诸、巨野、雷夏、荥泽等等，不胜枚举。湖沼附近草木丛生，鸟兽繁息，有利于采集、渔猎活动的开展，可以作为农业生产的补充。

中原的西部、中部河流众多，除了黄河、济水、淮河等巨川之外，还交织着伊、洛、汴、睢、濮、涡、汝、颍等诸条水道，对发展航运和灌溉事业亦较为理想。因为当地具有许多优越条件，自武王克商、周公东征以后，西来的征服民族——周族便逐步占据了这片沃土，原有的土著民族——东夷、殷人则受到他们的驱逐或统治。如杨伯峻所言："姬姓所封诸国，多在古黄土层，或冲积地带，就当时农业生产而论，是最好或较好之土地。"[2]

在经济活动方面，中原华夏诸邦有着"重农"的历史传统，如宋地居民"好稼穑"[3]，邹鲁"地狭民众，颇有桑麻之业"[4]。手工业的发展水平也很高，很多产品闻名遐迩，"郑之刀，宋之斤，鲁之削……迁乎其地而弗能为良"[5]。那里的地势平坦，人众车马行驰便利，周之洛阳与曹、宋的陶均被称为"天下之中"，这两地与郑都是交通枢纽，道路交汇，是四方邦国、部族贸易往来的必经之处，

---

① 谭其骧：《黄河与运河的变迁》，《地理知识》1955年第8期。
② 杨伯峻：《春秋左传注》，中华书局，1981年，第423页。
③ 《史记》卷129《货殖列传》。
④ 《史记》卷129《货殖列传》。
⑤ 《周礼·冬官·考工记》。

因而成为春秋时期繁荣的商业都市。

不过在当时的政治领域里，中原诸侯只是扮演二三流的附庸角色，受到弧形中间地带诸强的操纵和压榨，不能独立自主。王室在西周为天下共主，西有六师，东有八师，其实力足以震慑海内，征讨不庭；鲁、卫也是周公所褒封的大国，为天子股肱。然而到了春秋，它们在激烈的社会变革中迅速衰落，王室仅仅保持着虚有的头衔，"而礼乐征伐自诸侯出"[1]，由霸主掌握最高的统治权力。鲁、卫、宋等国必须倚仗晋国的保护，以免被齐、楚吞并；而陈、蔡、许等皆仰楚国之鼻息，乃至社稷几度覆灭。

在意识形态方面，中原地带为华夏古邦所萃聚，有着较高的文明程度和教育水准，周、鲁藏有丰富的典籍[2]，成为春秋两大思想家老子、孔子的主要活动地点。从社会风尚和民间习俗的地域差别来看，可以分为两类。偏近东部的鲁、邹、宋等以农为本的国家，好学重礼，民风淳朴平和。可参见：

《史记》卷129《货殖列传》：

> 而邹、鲁滨洙、泗，犹有周公遗风，俗好儒，备于礼……（宋地）昔尧作于成阳，舜渔于雷泽，汤止于亳，其俗犹有先王遗风，重厚多君子。

①《论语·季氏》。
②参见《左传·昭公二年》："春，晋侯使韩宣子来聘，且告为政，而来见，礼也。观书于大史氏，见《易》、《象》与《鲁春秋》，曰：'周礼尽在鲁矣，我乃今知周公之德与周之所以王也。'"《左传·昭公二十六年》十月，"王子朝及召氏之族、毛伯得、尹氏固、南宫嚚奉周之典籍以奔楚"。

《汉书》卷28下《地理志下》：

> （鲁地）其民有圣人之教化……是以其民好学，上礼义，重廉耻。

《管子·水地》：

> 宋之水，轻劲而清，故其民间（简）易而好正。

这类邦国民风之弊有二：一是被传统礼教所束缚，显得拘谨、保守、胆怯，甚至有些愚钝。如《管子·大匡》载："鲁邑之教，好迩而训于礼。"司马迁称邹鲁"俗好儒，备于礼，故其民龊龊……畏罪远邪"①。先秦寓言中的"守株待兔""揠苗助长"，都是讽刺宋人愚拙的著名作品，而最典型的代表就是宋襄公行"仁义之师"，作战中"不禽二毛"、不击半渡、不鼓不成列的事例。二是过于注重节俭而演化为小气、吝啬，如司马迁称邹鲁"地小人众，俭啬"，宋人"能恶衣食，致其蓄藏"②，显得缺乏大度和勇于进取的精神。

另一类是周、郑、卫、陈等地，处于四通五达之衢。商业活动较为发达的周、郑，民风受其影响，特点之一是居民的头脑精明灵活，如当时俗称"郑昭、宋聋"③。如伍员"登太行而望郑曰：'盖是

---

①《史记》卷129《货殖列传》。
②《史记》卷129《货殖列传》。
③《左传·宣公十四年》。

国也，地险而民多知（智）'"①。其弊病则在于投机取巧，唯利是图，"周人之失，巧伪趋利，贵财贱义"②。社会习俗对于国家政治亦发生重要作用，如宋、郑两国相邻，而对外政策却截然不同。宋国从晋抗楚的态度始终很坚决，甚至在邲之战后晋国无力庇宋的情况下，做出不理智的举动，杀掉拒绝假道的楚使，招来兵祸，几至亡国。郑国则是朝晋暮楚，反复无常，如其大臣子展所言："牺牲玉帛，待于二竟，以待强者而庇民焉。"③顾栋高曾分析过这两国的外交情况，将其各自特点概括为"黠（狡狯）"和"狂（发昏）"，论曰：

> 世尝谓郑庄公炼事而黠，宋襄公喜事而狂。然此二者，两国遂成为风俗。宋之狂，非始于襄公也。殇公受其兄之让，而旋仇其子，至十年十一战，卒召华督之弑，此非狂乎？下及庄公冯以下诸君，以及华元，不忍鄙我之憾，而旋致析骸易子之惨……至郑则不然，明事势，识利害，常首鼠晋、楚两大国之间，视其强弱以为向背，贪利若鹜，弃信如土。故当天下无伯则先叛，天下有伯则后服。④

这两国施政方针的强烈反差，恐怕与各自重农、重商传统所形成的不同性格心理有密切的关系。

---

① 《吕氏春秋·孟春季·异宝》。
② 《汉书》卷28下《地理志下》。
③ 《左传·襄公八年》。
④ （清）顾栋高：《春秋大事表》卷25《春秋郑执政表·叙》，第1893页。

特点之二是流行淫逸之风，和鲁、宋之民的淳朴、重厚有别。班固称郑之西境，"土狭而险，山居谷汲，男女亟聚会，故其俗淫"。"卫地有桑间濮上之阻，男女亦亟聚会，声色生焉，故称郑卫之音"①。《诗经》中有《陈风》十章，专叙陈国风俗。当地的统治者信巫鬼，喜歌舞，"民风化之"；而君臣往往游荡无度，荒淫昏乱。"妇人尊贵，好祭祀，用史巫，故其俗巫鬼。《陈诗》曰：'坎其击鼓，宛丘之下。亡冬亡夏，值其鹭羽。'又曰：'东门之枌，宛丘之栩。子仲之子，婆娑其下。'此其风也。吴札闻陈之歌，曰：'国亡主，其能久乎！'"②

上述各种弱点对中原邦国政治上的发展显然是非常不利的。

中原地带的东部是泗水流域和淮河中下流地区，即滨近大海的鲁南、江北平原丘陵。这片区域在春秋时期被称为"东方"，是风姓、任姓和盈姓等少数民族集团居住活动的地方。见《左传·僖公四年》："陈辕涛涂谓郑申侯曰：'师出于陈、郑之间，国必甚病。若出于东方，观兵于东夷，循海而归，其可也。'"如鲁南的邾、薛、郯、杞等国，虽与夏人杂处，但仍保持着自己的"夷礼"③。两淮居民则统称"淮夷"，如淮北的徐、萧、同、胡，淮南的群舒、邗等等。滨海区域由于偏僻荒凉，地浸盐碱，上古时多是被放逐，或未开化之民族生活的地方。如郑伯出降楚师时所言："孤不天，不能事君，使君怀怒以及敝邑，孤之罪也，敢不唯命是听？其俘诸江南，

---

① 《汉书》卷28下《地理志下》。
② 《汉书》卷28下《地理志下》。
③ 《左传·僖公二十七年》："杞桓公来朝，用夷礼，故曰子。"

以实海滨，亦唯命……"①范蠡亦曰："昔吾先君固周室之不成子也，故滨于东海之陂，鼋鼍鱼鳖之与处，而蛙黾之与同渚。"②

东夷诸邦亦以农业为主要经济，杂以渔猎、采集，较华夏诸侯落后。在政治上，东方小国林立，分散衰弱，是春秋大国兼并的首要对象。齐、楚、吴都曾向该地积极扩张势力，鲁、宋等中等诸侯也乘机征服和驱逐它们，使其成为自己的属国，或者干脆将它们灭掉。如"邾人、莒人诉于晋曰：'鲁朝夕伐我，几亡矣'"③。宋仲幾曰："滕、薛、郳，吾役也。"薛国之宰也说："宋为无道，绝我小国于周，以我适楚，故我常从宋。"④整个春秋历史阶段，东方诸夷的众多小邦并无作为，它们的活动对全国政局没有起到重要影响，如顾栋高所称："东方之夷曰莱，曰介，曰根牟。后莱、介并于齐，根牟灭于鲁，不复见《经》。惟淮夷当齐桓之世，尝病鄫，病杞，后复与楚灵王连兵伐吴，然皆窜伏海滨，于中国无甚利害。"⑤

总而言之，尽管中原地带有优越的农业资源条件，生产和贸易比较发达，人口稠密，但是那里的华夏诸侯与东夷邦族在政治上力量分散，相当软弱，无法和外围的弧形中间地带列强抗衡。

（二）周边地带

位于中国大陆的外缘，是春秋时期落后少数民族的主要活动区

---

① 《左传·宣公十二年》。
② 《国语》卷21《越语下》。
③ 《左传·昭公十三年》。
④ 《左传·定公元年》。
⑤ （清）顾栋高：《春秋大事表》卷39《春秋四裔表·叙》，第2161页。

域。这个地带呈巨大的半环状，其北部自东北平原，内蒙古高原和冀北山地向西推移，含有楔入晋国领土的太行山脉。经过晋北、陕北、甘肃黄土高原，缘及青海东部，转而南下，过四川盆地、云贵高原再折向东方，越过岭南的珠江流域、浙闽丘陵，抵达东海之滨，将中原和弧形中间地带的齐、晋、燕、秦、楚、吴等国围拱起来。

周边地带的北部和西北海拔较高，气候较为寒冷，干旱少雨。和战国以降的情况不同，春秋时期北方游牧民族的主要活动区域不是在蒙古高原，而是在后来长城以南的冀北山地、晋陕北部及陇西的黄土高原与丘陵沟壑区域。这些地段的山坡和沟道上，古代曾生长着茂密的森林，而且原面上的草原分布面积较广，适于畜群的放牧。因为当地岭谷交错，土地瘠薄，特别是水源短缺，在三代使用木石农具为主的条件下，华夏农耕民族还未能普遍开发那里的资源。春秋时期，铁器刚刚在内地涌现出来，尚未波及周边，所以上述地区仍为游牧民族戎狄占据。司马迁曾概述秦、晋、燕北的戎狄分布情况：

> 秦穆公得由余，西戎八国服于秦，故自陇以西有绵诸、绲戎、翟、獂之戎；岐、梁山、泾、漆之北有义渠、大荔、乌氏、朐衍之戎。而晋北有林胡、楼烦之戎，燕北有东胡、山戎。各分散居溪谷，自有君长。[1]

---

①《史记》卷110《匈奴列传》。

顾栋高也做过统计，说戎狄"春秋之世，其见于《经》《传》者名号错杂，然综其大概，亦约略可数焉。戎之别有七"，为骊戎，犬戎，允姓之戎，扬、拒、泉、皋、伊、洛之戎，茅戎，山戎，己氏之戎。"狄之别有三，曰赤狄，曰白狄，曰长狄。长狄兄弟三人，无种类。而赤狄之种有六，曰东山皋落氏，曰廧咎如，曰潞氏，曰甲氏，曰留吁，曰铎辰……白狄之种有三，其先与秦同州，在陕之延安，所谓西河之地。其别种在今之真定藁城、晋州者，曰鲜虞，曰肥，曰鼓。"①

戎狄以游牧、射猎为生，食肉衣皮，披发左衽，语言习俗与中原农耕民族有很大区别，彼此也缺乏正常、友好的交往。如戎子驹支所言："我诸戎饮食衣服，不与华同，贽币不通，言语不达。"②少数戎狄部族被晋、楚等强国征服后，迁徙到内地务农，并和盟主建立了隶属关系。

在社会组织方面，戎狄多处于原始氏族制末期的军事民主制阶段，文明程度较低，习性强悍好战，劫掠成风，华夏诸邦多受其害。王国维在《鬼方昆夷猃狁考》中论道："戎与狄皆中国语，非外族之本名。戎者，兵也。《书》称：'诘尔戎兵'，《诗》称：'弓矢戎兵'。其字从戈从甲，本为兵器之总称。引申之，则凡持兵器以侵盗者，亦谓之'戎'。狄者，远也，字本作逖。《书》称：'逖矣，西土之人。'《诗》称：'舍尔介狄'，皆谓远也。后乃引申之为驱除之于远方之义……因之凡种族之本居远方而当驱除者，亦谓之狄。且

---

① （清）顾栋高：《春秋大事表》卷39《春秋四裔表·叙》，第2159—2160页。
② 《左传·襄公十四年》。

其字从犬，中含贱恶之意，故《说文》有犬种之说，其非外族所自名，而为中国人所加之名，甚为明白……（戎狄）为害尤甚，故不呼其本名，而以中国之名呼之。"①

戎狄多事寇盗又尚未开化，故受到华夏民族的仇恨、蔑视。其民风的突出特点，就是贪婪自私，缺乏仁义礼孝等道德观念的约束。时人对此多有论述，如"戎轻而不整，贪而无亲，胜不相让，败不相救"②，"戎、狄无亲而贪"③，"戎、狄无亲而好得"④。

西周末年，北方旱灾严重，水草枯竭⑤，亦迫使游牧民族纷纷南下，对中原大肆侵掠。当时西周宗法制王朝的统治已然腐朽没落，华夏诸邦的防御能力明显下降，使戎狄屡占上风，不断向黄河流域进逼，至镐京陷落，幽王被杀而达到顶点。平王东迁后，戎狄继续为害，"春秋初，曾侵郑，伐齐，已而又病燕"⑥。顾栋高曾言："盖春秋时，戎、狄之为中国患甚矣，而狄为最……然狄之强，莫炽于闵、僖之世，残灭邢、卫，侵犯齐、鲁。"⑦其势力渗入到弧形中间地带乃至中原腹地，与华夏民族杂居并处。如晋国在献公时，"景、

---

① 王国维：《观堂集林》卷13《史林五》，第603—604页。
② 《左传·隐公九年》。
③ 《左传·襄公四年》。
④ 《国语》卷13《晋语七》。
⑤ 《古本竹书纪年》载周厉王二十二年至二十六年"大旱"，周宣王二十五年"大旱"。又《诗经》载周末时旱状，见《大雅·云汉》："旱既太甚，涤涤山川，旱魃为虐，如惔如焚。"《小雅·谷风》："无草不死，无木不萎。"
⑥ （清）顾栋高：《春秋大事表》卷39《春秋四裔表·叙》，第2160页。
⑦ （清）顾栋高：《春秋大事表》卷39《春秋四裔表·叙》，第2160—2161页。

霍以为城，而汾、河、涑、浍以为渠，戎、狄之民实环之"①。晋文公率师赴洛邑勤王，还要行赂于"草中之戎""丽土之狄"才能顺利通过②。《左传·哀公十七年》亦载："（卫庄）公登城以望，见戎州。"杜佑注"楚丘县"曰："古之戎州己氏之邑，盖昆吾之后，别在戎翟中，周衰时入居中国。己氏，戎君姓也。"③王畿之内亦杂有诸戎，见《后汉书》卷87《西羌传》："齐桓公征诸侯戍周，后九年，陆浑戎自瓜州迁于伊川，允姓戎迁于渭汭，东及轘辕，在河南山北者号曰阴戎。"就是在齐、晋、秦、楚崛起之后的一段时间内，"狄"还能和它们并列称强④。然而，戎狄本身在政治上有无法克服的弱点，难以发展成为主宰中国政局的支配力量。其原因如下：

1. **部族分立、不相统属。**春秋时期北方的游牧民族分裂为许多部落或小邦，相互联系比较松散，不像后代的匈奴、突厥、蒙古那样，能够统一成为强大的国家，这和他们主要居住地域的环境特点有关。太行山区、冀北、晋北、陕北及陇西的山地、高原中峡谷纵横、地形崎岖，交通不便，使各个游牧部族之间难以沟通交往和建立起密切的联系，这对它们政治上的发展产生了阻碍，以致邦族众多，名号繁杂。如司马迁称春秋诸戎，"往往而聚者百有余戎，

---

① 《国语》卷8《晋语二》。
② 《国语》卷10《晋语四》。
③ （唐）杜佑撰，王文楚等点校：《通典》卷177《州郡七·河南府睢阳郡》"楚丘县"条，中华书局，1988年，第4664页。
④ 《左传·成公十六年》晋范文子曰："吾先君之亟战也，有故，秦、狄、齐、楚皆强，不尽力，子孙将弱。"

莫能相一"①。《风俗通义》亦称羌戎,"无君臣上下,健者为豪,不能相一,种别群分"②。顾栋高也对此评论说:"意其种豪自相携贰,更立名目,如汉之匈奴分为南北单于,而其后遂以削弱易制。"③戎狄的分散孤立,减弱了其自身的力量和政治影响。

2. 文明程度较低。多数处在原始氏族制向阶级社会的过渡阶段,对于华夏文明的先进内容,远未能普遍吸收。与中原的农耕民族相比,戎狄没有较为完备的国家政治组织和法令制度,"无城郭、宫室、宗庙、祭祀之礼,无诸侯币帛饔飧,无百官有司"④。在上层建筑方面还不具备作为统治民族所必需的条件,就如秦穆公所言:"中国以诗书礼乐法度为政,然尚时乱,今戎夷无此,何以为治,不亦难乎?"⑤

受以上情况的局限,春秋的戎狄很难成长为一支有王者风范的堂堂之师,而始终充当着往来劫掠的草寇角色,如司马侯所称:"冀之北土,马之所生,国无兴焉。"⑥齐、晋、秦等诸侯通过改革内政,富国强兵,很快扭转了局势,在与戎狄的交锋中掌握了主动权,并逐步驱迫它们,将自己的领土向北方、西方扩张。自春秋中叶,许多戎狄部族沦为弧形中间地带诸强的附庸,受其号令驱使。如戎子

①《史记》卷110《匈奴列传》。
②(宋)李昉等:《太平御览》卷794《四夷部十五·西戎三》引《风俗通义》佚文,第3523页。
③(清)顾栋高:《春秋大事表》卷39《春秋四裔表·叙》,第2161页。
④《孟子·告子下》。
⑤《史记》卷5《秦本纪》。
⑥《左传·昭公四年》。

驹支所言："晋之百役，与我诸戎相继于时。"①它们对中国的政局也不再产生重大影响。

周边地带的南部气候潮湿炎热，平原地区在夏季多为水乡泽国，丘陵山地则往往覆盖着原始森林，东南地域的红壤质地较硬，又难于翻耕。当时铁器刚刚在中原出现，至春秋后期才随着楚人势力的南渐而流入江南一带，尚未得到推广。南方多数地区的生产力仍处在青铜时代，以木石农具为主，砍伐丛林、开垦农田均有较大难度，多采用"火耕水耨"的原始耕作法，农业发展水平很低，居民经常要兼营采集、渔猎活动。社会组织也相当落后，基本处于氏族部落阶段，"扬、汉之南，百越之际……多无君"②。居民的族称有越（粤）、夷、群蛮、百濮等等，俗为"剪发文身，错臂左衽"③，或"椎髻箕坐"④。政治上亦普遍呈分散孤立及弱小状态，只有浙地的越人在春秋末叶强盛起来，其余的蛮夷百越在与楚人的冲突中始终处于下风，被征服、驱逐者甚众，在全国的政治领域内没有什么重要地位，如顾栋高所言："南方之种类不一，群蛮在辰、永之境，百濮为夷，卢戎为戎。群蛮当楚庄王时，从楚灭庸，自后服属于楚，鄢陵之役，从楚击晋。而卢戎与罗两军屈瑕，后卒为楚所灭，率微甚无足道者。"⑤

---

①《左传·襄公十四年》。
②《吕氏春秋·恃君览》。
③《史记》卷43《赵世家》。
④（汉）王充著，黄晖撰：《论衡校释》卷2《率性》，中华书局，1990年，第82页。
⑤（清）顾栋高：《春秋大事表》卷39《春秋四裔表·叙》，第2161页。

在周边地带的南部，自然条件和经济开发较好的区域是四川盆地。那里资源丰富，灌溉便利，农业、手工业、采矿业和商业均有一定程度的发展。《史记》称："巴蜀亦沃野，地饶卮、姜、丹沙、石、铜、铁、竹、木之器。"[①]《汉书》亦曰："巴、蜀、广汉本南夷，秦并以为郡，土地肥美，有江水沃野，山林竹木疏食果实之饶。南贾滇、僰僮，西近邛、莋马旄牛。民食稻鱼，亡凶年忧。"[②]早在商代，这里就出现了像三星堆文化遗址那样发达的文明社会。春秋时当地有巴、蜀等小国，经济、文化水平均高于越人与群蛮。但是民众缺乏刚勇的气质，"俗不愁苦，而轻易淫泆，柔弱褊厄"[③]。在东边受到楚人的压迫，亦没有大的作为。

（三）弧形中间地带

从齐国所在的山东半岛、鲁西北平原向西方延伸，经过晋国的东阳与河内（冀中、南平原）、河东（晋西南河谷盆地），至秦国的泾渭平原、商洛山地，再向东南过楚国的南阳盆地、江汉平原，到大别山以东与吴国交界的淮南，在东亚大陆上构成了一个巨大的弧形。春秋中叶，齐、晋、秦、楚的领土逐渐接壤，对中原地带形成了半包围的状态。

弧形中间地带的内缘，大致北在齐、晋两国的南疆——泰山、沂山与黄河中游河段，向西延至伊洛平原的西端，再沿着伏牛山、

---

①《史记》卷129《货殖列传》。
②《汉书》卷28下《地理志下》。
③《汉书》卷28下《地理志下》。

桐柏山、大别山脉至长江下游河道。其外缘北边即齐、燕、晋、秦等国的北疆，约在冀北山地、晋北及陕北高原的南端，西至陇坂，再向东南折至秦岭、巴山及巫峡东段。南边随着楚国势力的扩张，由长江中游推移到五岭。东到楚、吴边境的昭关、州来、居巢。

春秋初年，这个地带的齐、晋、秦、楚等国领土狭小，与鲁、卫、郑、宋等中原诸侯相比并不占有多少优势。但是它们都在数十年内脱颖而出，成为地方千里、甚至是数千里的一流强国，在政治舞台上叱咤风云，更迭称霸。从其疆域的发展过程来看：

齐国初封于营丘，不过区区百里之地，桓公建立霸业时吞并弱小，领土剧增①。《管子·小匡》载当时齐国封疆，"南至于岱阴，西至于济，北至于海，东至于纪随"。国土方五百里。春秋后期进一步扩大，景公时晏子称齐国疆域的范围是"聊、摄以东，姑尤以西"②。据杨伯峻考证，"聊在今山东聊城县西北。'摄'亦作'聂'，僖元年《经》'次于聂北救邢'是也，当在今聊城县境内"。"姑即今大姑河，源出山东招远县会仙山，南流经莱阳县西南。尤即小姑河，源出掖县北马鞍山，南流注入大姑，合流南经平度县为沽河。至胶县与胶莱河合流入海"③。齐灭掉东莱后，遂占据了整个山东半岛，东疆亦达于海滨，西境至黄河下游河道，与晋国隔岸相峙。

晋国初封于唐，领土亦为褊狭。郭偃曰："今晋国之方，偏侯

①参见《荀子·仲尼篇》："（齐桓公）并国三十五。"《韩非子·有度篇》："齐桓公并国三十。"《国语·齐语》："（桓公）即位数年，东南有淫乱者，莱、莒、徐、夷、吴、越，一战帅服三十一国。"

②《左传·昭公二十年》。

③杨伯峻：《春秋左传注》，第1417—1418页。

也，其土又小，大国在侧。"①自献公时起，屡屡兼并邻近小国，及驱逐戎狄，疆域显著扩大。顾栋高曾论曰："晋所灭十八国。又卫灭之邢、秦灭之滑皆归于晋。景公时翦灭众狄，尽收其前日蹂躏中国之地。又东得卫之殷墟、郑之虎牢。自西及东，延袤二千余里。"②其基本统治区域在太行山脉两侧，西、南、东三面受黄河环绕，与秦、周、郑、卫、齐等国夹河相邻。继献公灭虢，抢占豫西走廊西端后，悼公时又城虎牢而戍之，从而控制了豫西走廊的东端，并在伊洛之上的山间谷地保有一线领土，即所谓"阴地"。杨伯峻曰："阴地，据杜注，其地甚广，自河南省陕县至嵩县凡在黄河以南、秦岭山脉以北者皆是。此广义之阴地也。然亦有戍所，戍所亦名阴地，哀四年'蛮子赤奔晋阴地'，又'使谓阴地之命大夫士蔑'是也。今河南省卢氏县东北，旧有阴地城，当是其地。此狭义之阴地也。"③

秦在西周时期被孝王封为附庸，立国在今甘肃省清水县的秦亭附近④。周室东迁洛邑后，秦襄公"得赐岐以西之地"⑤。经过上百年与戎狄的奋战，控制了甘肃中部东至华山、黄河的广阔领土，至穆公时为全盛，"东平晋乱，以河为界，西霸戎夷，广地千里，天子

---

①《国语》卷7《晋语一》。

②（清）顾栋高：《春秋大事表》卷4《春秋列国疆域表·晋》，第517页。

③杨伯峻：《春秋左传注》，第654—655页。

④《史记》卷5《秦本纪》载周孝王封秦时曰："'朕其分土为附庸'。邑之秦。"《史记正义》："《括地志》云秦州清水县本名秦，嬴姓邑。"

⑤《史记》卷5《秦本纪》。

致伯，诸侯毕贺，为后世开业"①。后又占据商洛以南、秦岭北麓，与楚国隔少习山相对。但其东进的要道——豫西走廊被晋国占领，无法与列强逐鹿中原，只能偏居西陲一隅②。

楚原居于荆山（今湖北省漳县西北）漳水流域，自西周末年吞并弱邻，发展壮大。清人高士奇在《左传纪事本末》中说："春秋灭国之最多者，莫若楚矣。"据何浩统计，有60国③。楚在春秋全盛时，东抵豫章、番、巢、州来及赣江上游，北据陈、顿、应、不羹，至汝水流域；西北到商於，西起巫峡东段、神农架，南到今长沙、常德、衡阳一带，方圆近三千里④。当今湖北、湖南及陕西大部，安徽（江北的西半部）、河南南部及陕西东南一隅，及广西东北角与广东北部，为春秋列国中疆域最广者。

"弭兵之会"以后，齐、晋、秦、楚因为国内社会矛盾激化，势力略衰，而东南崛起的吴国先后挫败楚、齐两强，成为新兴的霸主。弧形中间地带的范围得以从楚国东境继续向东方延伸，经过吴国占据的太湖流域、江北平原而抵达海滨，彻底完成了对中原地带的封闭。

与中原地带的华夏诸邦相比，弧形中间地带诸强领土的经济发

---

① 《史记》卷5《秦本纪》。

② （清）顾栋高：《春秋大事表》卷4《春秋列国疆域表·秦》："秦以西陲小国，乘衰周之乱，逐戎有岐山之地。是时兵力未盛，西周故物未敢觊觎也。值平、桓懦弱，延及宁公、武公、德公以次蚕食……遂灭芮筑垒为王城，以塞西来之路，而晋亦灭虢，东西京隔绝。由是据丰、镐故都，判然为敌国，与中夏抗衡矣。"第540页。

③ 何浩：《楚灭国研究·楚灭国表》，第10—12页。

④ 《韩非子·有度》："荆庄王并国二十六，开地三千里。"

展环境（包括自然条件或外部社会条件）要略差一些。齐、秦、楚
为异姓诸侯，晋、吴虽为姬姓，但和王室的关系比较疏远，因此它
们起初受封的国土偏远荒凉，又紧邻蛮夷戎狄等落后民族，屡受其
侵扰，战事不断。即使到后来，它们扩张为大国时，其农业资源
（除了秦国）也多不如中原丰衍。例如《汉书》称："齐地负海舄卤，
少五谷而人民寡。"①《盐铁论·轻重》亦云："昔太公封于营丘，辟草
莱而居焉，地薄人少。"在建国之初便与莱夷展开了激烈的战斗。

　　晋国统治的两大区域，太行山以东的河内、东阳，处于黄河
下游支流分布地段，《尚书·禹贡》称其"北播为九河，同为逆
河，入于海"。夏季洪水横溢，湖沼罗列，冲积土层中亦含有盐碱，
《尚书·禹贡》称其为"白壤"，肥力不高。司马迁也说："赵、中
山、地薄人众。"②太行山以西的晋南地区，河谷丘陵纵横分割，间
杂小块盆地，并无辽阔的平原沃野，又屡受游牧民族侵袭。如籍
谈所言："晋居深山，戎狄之与邻，而远于王室，王灵不及，拜戎
不暇。"③

　　秦国起初远在陇西，平王率众东迁后，关中平原沦为戎骑出
没之地，田地多荒，周族遗民难以正常生活。王室仅许秦以空头人
情，"秦能攻逐戎，即有其地"④。秦与戎狄的战争频繁残酷，相持了
近百年才得以在泾渭流域立足。

---

① 《汉书》卷28下《地理志下》。
② 《史记》卷129《货殖列传》。
③ 《左传·昭公十五年》。
④ 《史记》卷5《秦本纪》。

楚建国之初，"辟在荆山，筚路蓝缕，以处草莽"①，也经过艰苦的努力。其统治中心区域——江汉平原在古代川泽密布，草木繁茂，夏秋季节亦饱受洪水泛滥之害。顾祖禹曾引方志谈到当地的情况："汉水由荆门州界折而东，大小群川咸汇焉，势盛流浊，浸淫荡决，为患无已。而潜江地居汙下，遂为众水之壑，一望弥漫，无复涯际，汉水经其间，重湖浩森，经流支川不可辨也。"②明清时尚且如此，先秦时代开发之难可以想见。《史记》也记载了楚地的贫瘠，"夫自淮北沛、陈、汝南、南郡，此西楚也。其俗剽轻，易发怒，地薄，寡于积聚……衡山、九江、江南、豫章、长沙，是南楚也，其俗大类西楚"③。《汉书》亦载："沛楚之失，急疾颛己，地薄民贫。"④楚国西、南部邻近百濮、群蛮，虽然楚势力占优，但是国内若遇到灾变，也常常会遭受他们的袭击。如《左传·文公十六年》载："楚大饥，戎伐其西南，至于阜山，师于大林。又伐其东南，至于阳丘，以侵訾枝。庸人帅群蛮以叛楚，麇人率百濮聚于选，将伐楚。于是申、息之北门不启。"

吴国地处偏远，与中原的华夏诸族少有联系。《左传·昭公三十年》曰："吴，周之胄裔也，而弃在海滨，不与姬通。"吴国所在的太湖流域，也是水网交织，荆莽丛生，直到春秋中叶尚未得到充分治理。吴王光曾对伍子胥言："吾国僻远，顾在东南之地，险

---

① 《左传·昭公十二年》。
② （清）顾祖禹：《读史方舆纪要》卷127《川渎四·汉水》，第5443页。
③ 《史记》卷129《货殖列传》。
④ 《汉书》卷28下《地理志下》。

阻润湿，又有江海之害，君无守御，民无所依，仓库不设，田畴不垦。"①

弧形中间地带诸强的兴起，需要一定的经济实力作为基础，而在西周，由于青铜时代的农业生产工具主要是用木器、石器，这一地带（除了关中平原）的耕垦开发要比中原困难得多。春秋时代铁器的推广为这些区域的普遍垦殖和繁荣提供了必要条件。如齐地的盐碱瘠土逐渐被改造利用，"自泰山属之琅邪，北被于海，膏壤二千里"②，不复当初贫乏的情景了。

尽管生存的自然、社会环境要比中原诸邦艰难恶劣，弧形中间地带的列国却在春秋政局中发挥着最为重要的影响。较之另外两个地带，这个区域占据着国力上的明显优势，对于当时的历史进程起着支配的主导作用，是名副其实的政治重心地区。首先，春秋的时代特点是王室衰弱，其原有的地位和统治权力被霸主所取代。争霸战争中获胜的诸侯主持盟会，向与盟的中小邦国、部族责纳财赋、调发兵马，操纵其政治、外交，主盟国家的领土实际上发挥着以往周室王畿的政治影响。而春秋时期的霸主全是出于弧形中间地带，又没有一个强国能够长期垄断霸主的位置，自齐桓公、晋文公下至吴王夫差（勾践灭吴称霸已进入战国初年），是由这一地带内的各个大国更替称霸的，所谓"五伯迭兴，总其盟会"③。所以说这个地带在东亚大陆的政治格局中占据着优势地位。

①《吴越春秋·阖闾内传》。
②《史记》卷32《齐太公世家》太史公曰。
③《汉书》卷28上《地理志上》。

其次，弧形中间地带的各个大国处于势均力敌的对峙状况，虽然在每个阶段只有一个国家称霸，但是其他的诸强仍能大体上和盟主国维持着均势，它们或是霸主的盟友，或保持中立，即使被击败，也只是暂时退出争霸的行列，并没有降为附庸、朝请纳贡，仍然具有可观的实力和独立自主的政治地位。霸主只能统率中小诸侯，无法支配弧形中间地带内的其他强国。如赵孟所言："晋、楚、齐、秦，匹也。晋之不能于齐，犹楚之不能于秦也。"①像鞌之战后，齐被晋国挫败，遣使求和。但是当晋提出苛刻的条件，要求齐国母后萧同叔子做人质，把田亩改成东西走向时，立即遭到齐使的严词拒绝，并声称不惜为此再战，"请收合余烬，背城借一"②。鲁、卫两国都认为晋无必胜把握，"齐、晋亦唯天所授，岂必晋？"③说服晋国让步，使双方媾和。

在中原争霸受挫的强国，仍然继续在自己的势力范围内对弱小邻邦盘剥役使，充当局部地区的宗主国。如秦穆公受挫于晋，无法东进，还可以称霸西戎。鄢陵之战楚国失败后，暂无力量与晋国角逐，也还能向南方扩张，征服和统治周边的蛮夷诸族。

出于争霸战略的需要，诸强对失败的邻国有时并不落井下石，反而伸出援助之手，拉拢、扶植它们，以便共同对付自己的主要敌人。如齐在鞌之战受挫后，被迫退出侵占鲁国的汶阳之田。而晋国

①《左传·襄公二十七年》。
②《左传·成公二年》。
③《左传·成公二年》。

为了联齐抗楚，事后又逼着鲁国将其地返还于齐①。柏举之战后吴师入郢，楚国危在旦夕，秦亦出兵车五百乘助其复国，以牵制自己的强邻——晋国。齐、晋、秦、楚之间的抗衡均势一直沿续到春秋末叶，因为四强实力相当，它们的政治地位彼此比较接近，但是和另外两个地带的中小诸侯、少数民族则有明显的差别。春秋时期中国政局的发展变化，主要是由于这几个国家（加上后起的吴国）的活动所支配、决定的，所以应把弧形中间地带视为那个历史阶段的政治重心区域。

二、春秋战争之地域分析

春秋时期的军事冲突非常频繁，几乎无岁不战。就对当时全国政局变化的影响而言，不同地带的邦国、部族、联盟集团之间的战争作用有很大区别。下面试将这些战争按照爆发的地域加以分类，分析其各自的目的、规模和结果，从而探讨哪类战争所起的影响最为重要。

1. **中原地带内部华夏、东夷诸侯之间的战事不断。**特别是郑、鲁、宋等中等国家有机会便侵吞邻近小邦，彼此亦屡屡交手。但是自从弧形中间地带大国对峙争雄的局面形成以后，这些国家的领土逐渐被外围的诸强蚕食，力量日益削弱，它们之间的战斗因而减缓，通常规模不大，结果也只是保持了相互的均势，并没有通过这

---

① 《左传·成公八年》："春，晋侯使韩穿来言汶阳之田，归之于齐。"

类战争提高自己的实力和地位、跃升到大国的行列。再者，诸强争霸的形势出现后，中原地带的诸侯基本上都要受齐、晋、楚、吴等强国的支配，投入某个阵营，成为霸主手中的棋子。它们的人力、财力多被盟主所榨取，参加的战争也主要是跟随列强之师出征，协助盟主争夺霸权。如顾栋高所言："当是时，宋、郑之君俱共玉帛，以从容于坛坫之上，间一用兵，不过帅敝赋以从大国之后，无两君对垒，朝胜夕负，报复无已者。"①即使是它们之间的单独较量，也常常是受到盟主的指使②。所以这类战争对全国政治形势的影响，并不是决定性的。

2. **周边地带内部夷狄邦族之间的战争亦始终存在。**如西戎"强者凌弱，转相抄盗"③。南方的百越、群蛮也是如此，"粤人之俗，好相攻击"④。但是总的来看，由于经济、文化上的落后，以及政治上的分散孤立，周边民族相互间战争的结果，未能像后代那样形成强盛的区域性民族政权，如秦汉时的匈奴、南越，可以割据一方，与中原王朝抗衡。因此这类战争也不具备重要的意义。

3. **弧形中间地带内部诸强之间的边界战争。**分别有齐晋、秦晋、秦楚和吴楚间的作战（齐楚、晋楚间并未接壤）。自殽之战后，秦与晋国决裂，转而和楚通婚结好，世为盟国，终春秋之世不再有

---

① （清）顾栋高：《春秋大事表》卷37《春秋宋郑交兵表·叙》，第2129页。
② 参见《左传·宣公二年》："郑公子归生受命于楚，伐宋。"《左传·襄公二年》："郑师侵宋，楚令也。"
③ （宋）李昉等：《太平御览》卷794《四夷部十五·西戎三》引《风俗通义》佚文，第3523页。
④ 《汉书》卷1下《高帝纪下》。

边界冲突。齐晋隔河相峙，两国关系的主流是联合抗楚，交战次数不多，也未给疆界带来大的变动，基本上维持着原有的态势。秦晋、吴楚间的对阵则是频繁激烈的，因为双方边境犬牙交错，或有山川阻隔，彼此国势又大致相当，所以战争多呈胶着状态，通常限制在局部地段，你来我往，很难攻入对方腹地。如秦晋韩原之战、殽之战，都是一方获得大胜，但均未能进逼敌人国都，致其于死地或迫使它签订城下之盟。

另一方面，受南北对抗地理形势的影响，晋与齐、秦与楚之间都有联盟抗敌的政治需要，这个因素对弧形中间地带列国的边境战争也起着制约的作用，使其结果往往是有限的，不会导致对原有格局的破坏。例如鞌之战晋国获胜，为了拉拢齐国共同抗楚，甚至强迫鲁国将汶阳之田重新割让予齐，齐国的领土、实力并未因战败而受到很大损失。吴师在柏举之战中大胜楚军，长驱入郢，可以说获得了这类战争的最大胜利。但是楚在秦国的支持下很快击退吴军，基本上恢复了原有的对峙状态，吴国亦未能够在领土方面捞到许多好处。在南北两大阵营的对抗态势下，齐、晋，或是楚、吴要想登上霸主的宝座，夺取统率中小诸侯的最高权力，不仅要制服或结好于邻邦，更重要的是必须打败没有共同疆界的对方地域之强敌，而这种战争只能在南北强国相隔的中间区域——中原地带进行，齐晋、秦晋、秦楚、吴楚之间边界战争的有限胜利，并不能达到称霸天下的目的。

4. 弧形中间地带列国与周边地带邦族的战争也贯穿着整个春秋时期。当时，南方的蛮夷、越人未能对楚国构成严重威胁。戎狄虽然一度深入到黄河流域，但是限于自身的弱点，难以在政治、军事上取得更大的成就。弧形中间地带的诸强崛起之后，对夷狄的战争经常以胜利告终。齐、晋、秦、楚能够成为地方千里，乃至数千里的泱泱大国，有许多领土是得自邻近的少数民族。不过，它们所追求的最高政治目标，是"帅诸侯以朝天子"，充当霸主，即诸侯盟会的领袖，而这里所指的主要是中原地带的华夏中小诸侯。对列强来说，如果只是战胜、降服了周边的落后民族，没有取得中原逐鹿的胜利，还是不能称霸诸侯、号令天下的。像秦穆公尽管重创西戎，"益国十二，开地千里"①，仍得不到华夏诸侯的尊重和服从。楚共王兵败鄢陵之后，虽然对南方蛮夷作战大获成功，也无法动摇晋国主盟的地位。仅仅在这类战争中获胜的强国，至多能充当"偏霸"，即某个边远地区的"方伯"，算不上诸侯公认的盟主，其政治影响还是大受局限的。

5. 弧形中间地带列强向中原地带的用兵。齐、晋、秦、楚对峙的局面形成以后，中原地带的夷夏诸侯通常不敢向外围的强国寻衅滋事、主动挑起战端，那样做无疑是自讨苦吃。这两个地带之间发生的军事冲突往往是单方面的，即弧形中间地带的诸强向中原内地的进军，从用兵的目的和规模来看，可分为以下几种：

（1）短时间、小范围的边境袭击。进行焚掠破坏，劫取邻邦的人口、财物，造成其经济损失，但不以占领土为目标。

（2）兼并土地。攻占中原中小邻国的领土，据为己有。这种战

---

①《史记》卷5《秦本纪》。

争出动兵力较多，得手后要在当地留驻军队，一般要筑城或因旧城成守。列强对待中等诸侯主要采取蚕食的策略，而对弱小邻邦则经常是一举灭亡，借以扩张自己的疆域。在这方面，齐、晋、楚三国的收获最为显著，如《荀子·仲尼》称"齐桓公灭国三十五"，晋国烛过曰："昔吾先君献公即位五年，兼国十九。"①《韩非子·有度》则说"荆庄王并国二十六，开地三千里"。它们所灭亡的小国，大部分是在中原地带。

（3）**建立对中原诸侯的统治权，即霸权。**通常是派遣重兵进攻郑、宋、鲁、卫、陈、蔡等中等国家，直逼其都城，迫使它们投降，服从某个强国的支配。这种战争在春秋历史上规模最大，往往历时很久，其原因首先是郑、宋、鲁等国亦有一定实力，兵车约在千乘上下，如果据城固守，强国也很难速胜，通常要经过数月的围攻才能见效。再者，春秋列强争霸的重点内容，就是争夺对华夏中小诸侯的统治权力。齐、晋、秦、楚之间处于均势，如若能把中原各国拉进自己的阵营，势力将明显扩大，会改变争霸双方原有的力量对比，引起政治天平的倾斜。因此，这种战争常常会引发大国间直接的军事冲突。其中一方进攻某个中小诸侯，另一方前来救援，于是在中原腹地发生大战。春秋历史上意义重大的几次战役，如城濮之战、邲之战、鄢陵之战，都是由此而爆发的。战争的规模、参战军队的数量相当可观，除了晋楚两国各出动兵车数百、千乘之外，还有各自的附庸诸侯、戎夷派兵助阵。另外，春秋两次声势浩

---

①《吕氏春秋·贵直论》。

大的"兵车之会",也是属于同种性质的军事行动,前者为齐桓公的"召陵之役",动员了九国之师①;后者为晋平公的"平丘之会",出动了兵车四千乘②,规模空前。由于对手楚国怯阵,未敢应战,齐、晋两国顺利地得到了盟主的地位和权力。

此类战争的结果,将决定霸主是否易位,涉及中国最高统治权力的归属问题,所以它带来的政治影响最为重要。春秋列强在不同地域进行的军事较量,其后果有着明显的差别。顾栋高曾敏锐地发现了这一点,即大国间的边界战争尽管是频繁的,但多数是小规模的报复行动,效果不大,不像它们在中原地带的会战那样具有决定意义。其论曰:

> 春秋时,晋、楚之大战三,曰城濮,曰邲,曰鄢陵,其余偏师凡十余遇,非晋避楚则楚避晋,未尝连兵苦战如秦晋、吴楚之相报复无已也。其用兵尝以争陈、郑与国,未尝攻城入邑,如晋取少梁、秦取北徵之必略其地以相当也。何则?晋楚势处辽远,地非犬牙相辏,其兴师必连大众,乞师于诸侯,动必数月而后集事。故其战尝不数,战则动关天下之向背。城濮

---

① 《尉缭子·制谈》曰:"有提十万之众,而天下莫当者谁?曰桓公也。"按桓公之世齐国兵力实为3—5万左右,见《国语·齐语》管仲曰:"君有此士也三万人,以方行于天下,以诛无道,以屏周室,天下大国之君莫之能御。"《吴子·图国》:"昔齐桓募士五万以霸诸侯。"《尉缭子》所言十万人,可能是指召陵之役、齐会九国之师所达到的军队数量,这在当时是规模空前的。

② 《左传·昭公十三年》:"七月丙寅,治兵于邾南。甲车四千乘。"

胜而天下诸侯翕然从晋，邲胜而天下诸侯翕然从楚。①

中原之所以成为争霸战争的主要爆发地域，其原因首先是南北对抗的双方（齐、晋与楚、吴）没有共同的疆界相连，被中原地带隔开。中原的西侧为豫西山地和秦岭，东侧是大海，都不利于部队的迂回运动与后勤供应。吴国曾尝试发舟师从海上攻齐，结果遭到惨败②。楚亦威胁过晋国，"不然，将通以少习以听命"③。实则为虚言恫吓，根本无力做到。对双方来说，通过中原地带进行接触、较量才是现实的、最直接便利的作战途径。

其次，中原地带平坦辽阔，少有山川阻隔，便于车马驱驰，人众跋涉。其位置在东亚大陆的核心，属于枢纽区域，控制了这一地带可以向几个战略方面用兵，又能阻挡敌手对自己领土的侵袭，御敌于国门之外，所以在军事上具有很高的利用价值。特别是在当时，军队的主要作战方式是车战，对于兵车的运动和列阵，中原广阔平坦的地形条件也是最为适合的。

再次，中原的华夏诸邦有着悠久的历史文明，经济发达，人口众多，较为富庶，又有一定的兵力。诸强如果征服或控制了它们，将其纳入自己的势力范围，不仅能够榨取到丰厚的财物，还能明显扩大军事力量和政治影响，以便击败对手，成为霸主。因此，在春秋时期频繁复杂的各种战争中，弧形中间地带列强向中原的用兵具

①（清）顾栋高：《春秋大事表》卷32《晋楚交兵表·叙》，第2053页。
②《左传·哀公十年》："徐承帅舟师，将自海入齐。齐人败之，吴师乃还。"
③《左传·哀公四年》。

有最为重要的意义，它对全国政治形势的发展变化起着决定性的
支配作用，是其他地域的军事行动所不能比拟的。在条件许可时，
齐、晋、秦、楚等强国总是力图向中原进攻、扩张，以谋求霸权，
往往是在不得已的情况下才把征伐的矛头指向周边地带。

三、从地理角度所见列强争夺中原地带的战略

春秋历史表明，那些挫败群雄、执盟会牛耳的国家之所以能取
得胜利，不仅是由于内政、外交和会战的成功，在相当程度上也得
益于合理的战略制订。其统帅、将领们正确认识和利用了当时的地
理形势，根据不同时期的客观情况来部署兵力，选择进军方向、路
线以及交锋的战场，造成对本国有利的态势。另一方面，则尽量
利用自然，人文地理的种种条件来遏制对手，给敌人的军事行动带
来困难，借此促成自己在作战中的胜利。从地理角度来观察，齐、
晋、秦、楚等强国采取的战略当中，其主要内容是围绕着争夺中原
地带这个目标来实施各种举措、手段，大致有以下几项：

（一）兼并弱邻、蓄势待发

弧形中间地带诸强在其发展的最初阶段，因为国力有限，不敢
贸然向中原地带进军，触犯那些传统大邦，都是先征服、吞并邻近
的小国弱族，扩充和巩固后方。如楚国"克州、蓼，服随、唐，大

启群蛮"①。晋国则如叔侯所言："虞、虢、焦、滑、霍、杨、韩、魏，皆姬姓也，晋是以大。若非侵小，将何所取？武、献以下，兼国多矣，谁得治之？"②待到羽翼丰满，再进行下一个步骤。

（二）占领、控制出入中原的通道门户

弧形中间地带与中原之间有河流、山脉等地理因素的障碍，如齐之泰山，晋之中条、太行山及黄河，秦之崤函，楚之伏牛山与淮阳山地，相互的往来必须沿着一定的交通路线。因此，占领或控制两大地带交界处的孔道，既可以保障本国的军队自由进出中原，又能阻止敌方兵力攻入自己的腹地。诸强能否实现称霸天下的战略目的，在很大程度上取决于这项举措的成败。下面论述它们谋求通道门户的具体过程与手段之异同，可分为两类：

1. **直接占领——楚灭申、息，晋据南阳**。楚人征服江汉平原后，开始图谋北进，以成霸业，如楚武王对随侯言："我有敝甲，欲以观中国之政。"③当时楚国与中原的交通路线主要有两条：

（1）通过南襄夹道和方城隘口。自楚都郢城（今湖北省荆州市）北上，至襄阳后进入申、吕等国所在的南阳盆地，然后穿过伏牛、桐柏山脉之间的方城隘口，到达华北大平原的南端。在那里经过叶、许，即兵临郑国，饮马黄河。东越汝、颍流域，经陈、宋、曹地，可达泰山以南的鲁国。南阳盆地不仅是江汉地区通往黄淮平

①《左传·哀公十七年》。
②《左传·襄公二十九年》。
③《史记》卷40《楚世家》。

原的门户，由此北上轘辕，还能直抵洛阳以窥周室，或西出武关，穿越商洛山地而进入关中平原。南阳地区的经济环境亦很优越，被古人称为"割周楚之丰壤，跨荆豫而为疆"①。可以为战争提供必要的财赋。在自然地形方面，南阳区域西、北、东三面环山，敞开的南方正对着江汉平原的北门——襄樊盆地。楚国占据南阳，能够利用其外围山地的有利条件组织防御，阻止北敌侵入汉水流域。如《左传·成公七年》所载："楚围宋之役，师还。子重请取于申、吕以为赏田，王许之。申公巫臣曰：'不可。此申、吕所以为邑也，是以为赋，以御北方。若取之，是无申、吕也，晋、郑必至于汉。'王乃止。"

正是因为南阳地区在交通、军事上的重要作用，楚国在由丹阳迁都至郢的第二年（前689年），便假道于邓以伐申（今河南省南阳市附近），逐步灭申、吕（今河南省方城县）、应（今河南省鲁山县），将南阳盆地全部占领②，随即在当地设县。楚王亦常至申地，策划指挥对中原的作战③，并在那里召见中小诸侯，与之会盟。灭申使楚国获得了诸多好处，为它后来向中原北方和东方的军事扩张提供了前线基地。顾栋高曾言："楚之强横莫制，实始于灭申也。"④对

①（梁）萧统编，（唐）李善等注：《文选》卷4张衡《南都赋》，中华书局，1977年，第68页。
②据宋公文考证，楚灭申的时间约在公元前687年至公元前682年之间。见宋公文：《春秋前期楚北上中原灭国考》，《江汉论坛》1982年第1期。
③（清）顾栋高：《春秋大事表》卷9《春秋列国地形险要表》引林氏曰："楚有图北方之志，其君多居于申，合诸侯又在焉。"第986页。
④（清）顾栋高：《春秋大事表》卷9《春秋列国地形口号》，第1012页。

此亦有精辟的议论：

> 余读《春秋》至庄六年楚文王灭申，未尝不废书而叹也。曰："天下之势尽在楚矣。"申为南阳，天下之膂，光武所发迹处。是时齐桓未兴，楚横行南服，由丹阳迁郢，取荆州以立根基。武王旋取罗、鄀，为鄢郢之地，定襄阳以为门户。至灭申，遂北向以抗衡中夏。然其始要，非一朝一夕之故也。平王东迁，即切切焉。戍申与甫、许，岂独内德申侯为之遣戍，亦防维固圉之计，有不获已。逮桓王、庄王六七十年之久，楚之侵扰日甚，卒为所灭。自后灭吕、灭息、灭邓，南阳、汝宁之地悉为楚有。如河决鱼烂，不可底止，遂平步以窥周疆矣。[①]

（2）通过淮阳山地的城口诸隘。淮阳山地包括豫、鄂、皖三省交界处的桐柏山、大洪山、大别山等广阔低山丘陵，是长江、淮河水系的分水岭。楚国与中原交往的另一条通道，是从江汉平原的东北，经随（今湖北省随州市）穿过桐柏、大别山脉会合处的城口诸隘（大隧、直辕、冥阨），即今河南省信阳市与湖北省广水市之间的义阳三关——九里关、武胜关、平靖关，到达蔡国所在的汝水流域。由蔡而发，可以北趋召陵（今河南省漯河市召陵区），分赴许、郑或陈、宋等国，也能沿淮而下，抵达诸夷所居的东方和吴国境界。公元前512年，吴王阖庐就是在蔡、唐军队的引导下，"次注

---

① （清）顾栋高：《春秋大事表》卷4《春秋列国疆域表·楚疆域论》，第525页。

林，出于冥隘之径，战于柏举，中楚国而朝宋与及鲁"①。走这条道路击败楚师，攻入郢都的。

由随地北出城口中的直辕（今湖北省广水市武胜关镇），经东申（今河南省信阳市）沿㴲河东北而行，在其汇入淮水之处，便是息国（今河南省息县），该地既是城口诸隘的屏藩，又东通淮域，北联陈、蔡，故而成为楚国争霸战略中首先考虑占领的另一个重要据点。楚文王在灭申以后，立即与蔡国合谋，以欺诈方式袭取了息国。

申、息是楚国北进中原的前哨阵地，楚于两邑设县置公，调发兵马军赋，组织了两支地方部队——"申、息之师"，在其北境遥相呼应，担当国防重任。如顾栋高所言："故楚出师则申、息为之先驱，守御则申、吕为之藩蔽。"②《左传》对这两支部队的活动亦多有记载③。

晋国的经济、政治重心在山西南部，进兵中原必须南渡黄河，由于中条山、王屋山和太行山脉的阻隔，晋军渡河主要经过三座要津：

甲、茅津。又称陕津、大阳津，在今山西省平陆县古茅城南，对岸是今河南三门峡市会兴镇。但是渡河后要穿过数百里豫西山地才能进入中原，行路艰险，并非理想的途径。

乙、孟津。在今河南省洛阳市孟津区东北，孟州市西南。武王伐纣时曾在此地会盟诸侯，渡河而趋朝歌。孟津南临洛邑，是东周

①《墨子·非攻中》。
②（清）顾栋高：《春秋大事表》卷4《春秋列国疆域表·楚疆域论》，第525页。
③参见《左传》僖公二十五年、二十六年、二十八年，文公三年、十六年，成公六年，襄公二十六年。

王畿的北门。晋国聘问王室，出兵勤王及与伊洛流域的戎狄作战时多走这条道路。

丙、延津。古黄河流经今河南延津县西北至滑县间的河段，有灵昌津、南津等数处渡口，总称为延津。晋师若从孟津渡河后奔赴郑、宋，要经过豫西走廊的东端，越虎牢之险，易受阻碍。而由延津地段渡河后，即达郑国北郊，进入豫东平原，行军较为方便，所以晋国往往采用这条路线。如城濮之战时，晋师伐曹救宋，"假道于卫，卫人弗许，还，自南河济，侵曹，伐卫"[①]。杨伯峻注："南河即南津，亦谓之棘津、济津、石济津，在河南省淇县之南，延津县之北，河道今已湮。"[②]晋师击败楚军后回国时亦走此途，并在南津附近的衡雍（今河南省原阳县西）停留，作"践土之盟"。据《左传·宣公十二年》所载，邲之战时晋军也是由此往来渡河，楚师追击时辎重至邲（今河南省荥阳市北），兵马"遂次于衡雍"。杨伯峻注："《韩非子·喻老篇》云：'楚庄王既胜，狩于河雍。'河雍即衡雍也，战国时又曰垣雍，在河南省原武废县（今并入原阳县）西北五里。黄河旧在其北二十二里。"[③]

从晋国绛都所在的运城盆地前往延津或孟津，都要向东南穿越王屋山至晋之南阳。《水经注》卷9《清水》引马融曰："晋地自朝歌以南至轵为南阳。"《左传·僖公二十五年》杨伯峻注："朝歌，今河南省淇县治；轵，今济源县东南十三里轵城镇，则南阳大约即河南

---

①《左传·僖公二十八年》。
②杨伯峻：《春秋左传注》，第451页。
③杨伯峻：《春秋左传注》，第744页。

省新乡地区所辖境，亦阳樊诸邑所在地。其地在黄河之北，太行之南，故晋名之曰南阳。"①

　　周襄王十六年（前636年），王子带勾结狄人攻进洛邑，自立为天子，襄王出奔居氾。晋文公利用这个机会于次年率兵勤王，攻克温邑，诛王子带。"晋侯朝王……（王）与之阳樊、温、原、攒茅之田，晋于是始启南阳。"②《国语》卷10《晋语四》亦载："（王）赐公南阳阳樊、温、原、州、陉、絺、组、攒（欑）茅之田。"阳樊在今河南省济源市东南古阳城，温在今河南省温县西，原在河南省济源市北，州在河南省沁阳市东，陉在沁阳市西北，絺在沁阳市西南，组无考，攒（欑）茅在今河南省修武县北③。上述城邑所在的南阳地区位于太行山南麓与黄河北岸之间的狭长走廊，其中原邑南屏孟津，轵邑在走廊西端，为太行第一陉——"轵道"所在地，山险路狭，是豫北、晋南间的交通咽喉。经轵道过温、欑茅之后，便抵达河内（冀南豫北平原），可以由南津渡河兵临郑、宋，或从白马津渡河经卫地至齐、鲁。实际上，当时的南阳诸邑大多属于王子带的势力范围，不肯听命于王室，襄王以其赐晋，只是空头人情④。晋

① 杨伯峻：《春秋左传注》，第433页。
② 《左传·僖公二十五年》。
③ 地名考证参见杨伯峻：《春秋左传注》隐公十一年，第77页；僖公二十五年，第433页；昭公三年，第1239页。
④ 参见（清）顾栋高：《春秋大事表》卷4《春秋列国疆域表·周疆域论》："而南阳肩背泽潞，富甲天下……至襄王以温、原界晋，而东都之事去矣。然论者谓襄王之失计，此又非也。在桓王时已尝以十二邑易郐邘邘之田于郑，郑不能有，而复归诸周，周复不能有而强以与晋。如豪奴悍仆，主人微弱不能制，而择巨室之能者使治之。至襄王时已视为弃地，因不甚爱惜也。晋得之而日以强，周日以削。"第501—502页。

国是用武力征服温、原、阳樊诸邑的反抗之后，才在当地建立起自己的统治。晋国占领南阳后，掌握了出入中原的通道，对其军事扩张非常有利。顾栋高曰："（晋）自灭虢据崤、函之固，启南阳扼孟门、太行之险，南据虎牢，北据邯郸，擅河内之殷墟，连肥、鼓之劲地，西入秦域，东轶齐境，天下扼塞巩固之区，无不为晋有。然后以守则固，以攻则胜，拥卫天子，鞭笞列国。"[①]史念海也论述过晋国此举的重要意义："这条道路开通后，晋兵才能直下太行，伐卫，伐曹，又和楚人战于城濮。城濮之战，晋国固然获得齐、宋、秦诸国的赞助，增加若干胜利的信心。然太行南阳一途的开通，出兵便利，在战争上也容易获得优势。后来晋兵一再耀武中原，也都是由这条道路出师的。"[②]

从历史记载来看，晋国大军出征中原时，南阳为其通行的孔道、门户。如果是范围有限的战役行动，则只需征发黄河以北沿岸几个城邑的地方军队就可以应付，不必再从绛都腹地劳师远行了。如公元前533年晋国出兵平定周室内乱，就是由"籍谈、荀跞帅九州之戎及焦、瑕、温、原之师，以纳王于王城"[③]。

2. 间接控制——齐、秦的假道过境。齐、秦两国与晋、楚不同，它们在春秋的鼎盛阶段（齐桓公、秦穆公在位时），主要采用和通道所属国家建立联盟、力图左右其政治的办法来获得通往中原

①（清）顾栋高：《春秋大事表》卷4《春秋列国疆域表·晋疆域论》，第518页。
②史念海：《春秋时代的交通道路》，《河山集》，生活·读书·三联书店，1963年，第70页。
③《左传·昭公二十二年》。

的权利，未能直接占领门户地段。齐国自襄公至桓公初年，不断兼并弱小邻邦，由泰山西侧沿济水南岸向中原扩张，先后灭掉谭（今山东省济南市章丘区）、遂（今山东省宁阳县西北），推进至谷（今山东省东阿县）[①]，但是遭到了鲁国的激烈抵抗。公元前684年春，齐国伐鲁，兵败于长勺（今山东省济南市莱芜区东北）。六月齐与宋师再次伐鲁，又受挫而返。此后，齐桓公放弃了使用武力打开中原大门的做法，接受了管仲的建议，内修国政以致富强，对外以"尊王攘夷"为号召，拉拢诸侯入盟，向邻近的鲁、卫两国施加压力。另一方面又与两国重新修好，退还侵地，以求获得它们的支持，能够自由出入中原。参见《国语》卷6《齐语》："桓公曰：'吾欲南伐，何主（韦昭注：主，主人，供军用也）？'管子对曰：'以鲁为主。反其侵地棠、潜，使海于有蔽，渠弭于有渚，环山于有牢。'桓公曰：'吾欲西伐，何主？'管子对曰：'以卫为主。反其侵地台、原、姑与漆里，使海于有蔽，渠弭于有渚，环山于有牢。'"

公元前681年，齐桓公与鲁侯在柯（今山东省阳谷县阿城镇）会盟，公元前678年，齐又争取鲁国参加了诸侯在幽（今河南省兰考县）的盟会，尊桓公为盟主。公元前672年，齐桓公又以其女嫁给鲁侯，用通婚来巩固两国的联盟关系。卫国曾有不听齐命的表

[①] 谷邑为齐边境重镇，桓公筑城在公元前672年，为管仲封地。见《左传·庄公三十二年》："城小谷，为管仲也。"《左传·昭公十一年》："齐桓公城谷而置管仲焉，至于今赖之。"又见《水经注》卷8《济水》："济水侧岸有尹卯垒，南去鱼山四十余里，是谷城县界，故《春秋》之小谷城也，齐桓公以鲁庄公二十三（应为'三十二'）年城之，邑管仲焉。城内有夷吾井。"

现，齐桓公便于公元前666年借天子名义出兵讨伐，迫使卫国纳贿求和。公元前660年，赤狄灭卫，杀死卫懿公，卫之遗民逃至曹国。齐国派公子无亏领兵车三百乘助其戍守，又率诸侯在楚丘（今山东省曹县东北）为其筑城，通过种种努力保护了卫国，同时也控制了它。所以终桓公之世，齐多次出兵中原（四伐郑，一伐宋，一伐蔡、楚），均未受到鲁、卫阻碍，顺利假道成行。

但是用这种手段过境，能否成行毕竟要听从鲁、卫两国的决定，总是不如自己直接掌握通道来得可靠、方便。桓公死后，齐与鲁、卫关系恶化，两国利用列强之间的均势和矛盾，先后借助楚、晋的军事力量来抵制齐国。齐虽然侵占了鲁、卫一些城邑，但是其势力始终被封闭于两国境外，不能任意将兵力投入到中原的核心区域——郑、宋，使齐国的争霸活动大受影响，直到春秋末年也未能重登诸侯盟主的宝座。

秦国驱逐戎狄，占领关中平原时，东进中原的通道——豫西走廊的西段已被晋国占领。秦穆公起初的做法与齐桓公相似，也想通过操纵邻国来获得出入中原的通行权。为此他对晋国软硬兼施，曾先后扶立惠公、文公，与晋国联姻，送粮助晋渡过灾年。当惠公不肯听命时，秦出兵韩原（今陕西省韩城市）败晋，并扣押其太子作人质。但是收效不大，因为晋国实力很强，又靠近中原，不愿让秦军自由穿越豫西通道，秦与晋国的几次联合军事行动只是促成了晋文公的霸业，自己并未捞到多少好处。文公死后，秦国改变战略，冒险发兵越过晋境袭郑，企图在中原建立自己的据点，结果在殽之战中被晋军全歼。此后两国绝交，兵戈相见，秦多次攻晋未能取胜，只得转向西方发展，被屏于中原诸侯盟会之外。

齐、秦两国"近交远攻"的战略先后失败，表明那种依靠与邻邦结盟修好来假道通行的做法是难以实现或不能持久的。争夺中原霸业，还是像晋、楚进据南阳那样，直接占领通道门户，才能出入攻守自若，不会受制于人。

（三）封堵对手进兵中原的途径

对列强来说，自己掌握进出中原的主动权固然是有利的，不过，如果争霸的对手也能顺利来往，和自己在中原驰骋角逐，那就难说鹿死谁手。即使会战获胜，兵员、物资的损耗也是惊人的。若是能把敌人的军事力量阻止在中原地带之外，不给对手登场竞技的机会，迫使它们向周边或偏远的东方发展势力，即不战或小战而屈人之兵，应该是最为理想的解决办法。实行这种战略，必须率先占领或控制住敌人进入中原的通道路口。中原地带横长纵短，晋、楚分据南北，疆域辽阔，如晋"自西及东，延袤二千余里"[1]，楚境更胜于晋。它们和中原地带接壤的边境较长，相互来往的通道较多，距离中原的核心地段：郑、宋、陈、蔡、卫、曹等国的距离也比较近，处在相对有利的地位。而偏居东、西两端的齐、秦则要困难得多，秦和中原地带没有共同边界，其来往的豫西走廊要穿过数百里山地，艰险狭促。齐国本土被渤海、泰山所挟持，其兵力向中原方向的投送亦受到限制，只能在一个不够宽阔的正面来运动，难以展

---

[1]（清）顾栋高：《春秋大事表》卷4《春秋列国疆域表·晋疆域表》，第517页。

开。在争霸作战中，晋、楚两国分别抓住了齐、秦地理位置上的弱点，对它们实行了遏制。例如：

1. 楚之抑齐。齐桓公死后，楚国乘齐与鲁、卫关系紧张，联鲁伐齐，攻占了齐国边境重镇谷邑（今山东省东阿县），扶植齐反叛势力公子雍、易牙，使其居谷，并留兵助守[①]，又让鲁国出师助戍卫地，将齐之兵力封闭于境内，无法染指中原事务，从而把黄河以南的郑、宋、鲁、卫、陈、蔡、曹、许诸国都纳入楚的势力，"天下几不复知有中夏"[②]。

晋国在春秋时期能够长期与楚争雄，多次充当诸侯盟主，和它成功地堵塞了东西强邻——齐、秦出入中原的通道有密切联系。其活动分述如下：

2. 晋之抑秦。献公初兴晋国时，广地略土，"兼国十九"[③]。其中最重要的一步是抢先灭亡虢国（今河南三门峡市附近），占领豫西走廊西端，关上了秦国东进中原的门户。公元前628年，秦军偷越崤函袭郑，即遭歼灭。公元前614年，"晋侯使詹嘉处瑕，以守桃林之塞"[④]，又把防秦的戍所向西推移。顾栋高曾评论过晋灭虢国所产生的重要影响："……献公灭耿、灭霍、灭魏，拓地渐广。而最得便利者，莫如伐虢之役，自渑池迄灵宝以东崤、函四百余里，尽虢

---

① 《左传·僖公二十六年》："（楚）置桓公子雍于谷，易牙奉之以为鲁援，楚申公叔侯戍之。"杜预注："雍本与孝公争立，故使居谷以逼齐。"
② （清）顾栋高：《春秋大事表》卷4《春秋列国疆域表·卫疆域论》，第532页。
③ 《吕氏春秋·贵直论》。
④ 《左传·文公十三年》。

略之地。晋之得以西向制秦，秦人抑首而不敢出者，以先得虢扼其咽喉也。"①

3. 晋之抑齐。晋对齐国的遏制手段有所不同，并非直接出兵占领之邻境，而是联合齐国进军中原所必经的鲁、卫两邦，共同制齐。公元前592年，晋邀请鲁、卫、曹、邾四国之君在断道（今山西省沁县西）会盟，确定了联手对齐的方略。三年后，齐伐鲁取隆邑，复而伐卫。晋国立即出兵，会合鲁、卫、曹师在鞌（今山东省济南市北）大败齐军，迫使其求和。此后，晋国长期实行联鲁、卫以制齐的政策，鲁、卫两国畏惧齐之入侵，不得不附晋以求自安。《左传·昭公四年》载楚灵王在申召会诸侯，曾问郑相子产："'诸侯其来乎？'对曰：'必来，从宋之盟，承君之欢，不畏大国，何故不来？不来者，其鲁、卫、曹、邾乎！曹畏宋，邾畏鲁，鲁、卫逼于齐而亲于晋，唯是不来。其余，君之所及也，谁敢不至？'"即表明了晋国对鲁、卫的政治影响。

通过军事、外交上的努力，晋国堵住了齐国出入中原的通道，将其扩张范围局限在较为荒僻的东方，远离繁盛富庶、交通便利的中原核心区域，无法和自己争夺霸权，只能做晋国的盟友和助手，从而取得了满意的效果。

（四）控制中原地带的枢纽区域

在军事地理学上，往往把位于某个作战地区核心、各方道路交

①（清）顾栋高：《春秋大事表》卷4《春秋列国疆域表·叙》，第495页。

汇的"兵家必争之地"称为"枢纽区域"或"锁钥地点"。它是交战双方对峙争夺的热点，其得失对战争的结局影响甚大。如果率先夺取、控制了这个区域，会使自己处于有利的地位。春秋军事家孙武在其兵法《九地篇》里，把这种敌、我与第三国接壤、道路四通的地区称为"衢地"，认为它具有最高的战略价值。若是先敌占领，就能得到中小诸侯的服从和支持，造成优势局面。"诸侯之地三属，先至而得天下之众者，为衢地"。春秋时期，中原地带领域辽阔，水旱路线交织如网，枢纽区域也并非一处，根据它们地理位置的重要程度，可以分成两类：

1. **郑、宋**。顾栋高曾言："中州为天下之枢，而宋、郑为大国，地居要害，国又差强。故伯之未兴也，宋与郑常相斗争。逮伯之兴，宋、郑常供车赋，洁玉帛牺牲以待于境上，亦地势然也。"[①] 在中原诸侯里，郑、宋两国受列强侵略的次数最多，罹祸最深，是争霸各方的首要征服对象。这两个国家位于东亚大陆的核心，郑国"西有虎牢之险"[②]，扼守着豫西通道的东段出口，可以封锁两大经济区域——华北平原与关中平原的交通往来，"北有延津之固，南据汝、颍之地"[③]，其国境濒临晋、楚出入中原的重要门户——黄河南津与方城隘口，是这两个大国通商贸易、发兵交战的必经之地。

---

① （清）顾栋高：《春秋大事表》卷24《宋执政表》，第1843页。
② （清）顾栋高：《春秋大事表》卷4《春秋列国疆域表·郑疆域论》，第536页。
③ （清）顾栋高：《春秋大事表》卷4《春秋列国疆域表·郑疆域论》，第536页。

"南北有事，郑先被兵，地势然也"①。无论哪一方控制了郑国，都会威胁对手的边境，形成军事压力，并给其部队的调遣运动带来困难。"中国得郑则可以拒楚，楚得郑则可以窥中国"②。所以在春秋历史上，齐楚、秦晋、晋楚之间都为争夺郑国而发生过激烈的冲突。

宋国也是处在几条交通干线汇合的十字路口。楚与北方东部的大国齐、鲁的往来途径，是出方城隘口，东经召陵过陈（今河南省周口市淮阳区）向东北行，经宋都睢阳（今河南省商丘市）而达鲁境，再到泰山以北的齐国。如《左传·宣公十四年》所载："楚子使申舟聘于齐，曰：'无假道于宋！'亦使公子冯聘于晋，不假道于郑。"过宋而不假道，以示对宋的蔑视与挑衅。宋国因长期与齐、晋结盟，故屡次受到楚国的进攻。

此外，晋国与东南吴国的联系路线，是由延津渡过黄河，也要经过宋国，越两淮、长江而至太湖流域。春秋后期，晋吴结盟抗楚，两国使臣来往频繁，国君亦数次相会③。楚国对此深感威胁，故在公元前573年乘宋国内乱而出兵征伐，取其朝郏、幽丘、城郜、彭城，并纳宋国叛臣鱼石等人于彭城（今江苏省徐州市），助以兵车三百乘戍守④，企图切断晋、吴之间的交通线。晋国为了与吴保持联络，于次年会宋、卫、曹、莒、邾、滕、薛共八国之师，攻克彭

---

① （清）顾栋高：《春秋大事表》卷4《春秋列国疆域表·郑疆域论》，第536页。
② （清）顾栋高：《春秋大事表》卷26《春秋齐楚争盟表》，第1954页。
③ 晋、吴两国在春秋后期频繁交往的情况可参见《左传》成公十五年，襄公三年、五年、十年、十四年，昭公十三年。
④ 参见《左传·成公十八年》。

城，交还宋国①。公元前563年，晋国又会合诸侯联军，攻灭附楚妘姓小国偪阳（今山东省枣庄市峄城区南），并将此邑给予宋国，以加强它的力量，确保这条交通路线的畅通②。

郑、宋两国不仅地理位置重要，它们的国力在中原诸侯里也是较为强盛的，各有兵车千乘左右，在列强争霸作战中投向何方，影响至关重要。春秋几次重大战役，如城濮之战是因为晋、楚争宋而引起的，而殽之战、邲之战、鄢陵之战则缘于晋与秦、楚争郑。至于齐、晋、楚国各自出兵伐郑、伐宋的行动则不胜枚举。

在对郑、宋两国的控制方式上，诸强均不采取直接军事占领的做法。即使郑、宋城防陷落或濒于崩溃，已经唾手可得，也不肯将其灭为属县，建立自己的统治。只是要求它们降服归顺，结盟确立从属关系，便收兵回国。如公元前630年，"秦、晋围郑，郑既知亡矣"③，但郑表示归降后，秦、晋先后撤兵。公元前597年，楚师克郑，郑伯肉袒出降，楚庄王命令"引兵去三十里而舍，遂许之平"④。群臣建议灭掉郑国，"庄王曰：'所为伐，伐不服也。今已服，尚何求乎？'卒去"⑤。公元前594年，楚师围宋九月，危在旦夕，宋君遣华元入楚师告曰："敝邑易子而食，析骸而炊。虽然，城下之盟，有以国毙，不能从也。去我三十里，唯命是听。"⑥楚亦退兵与

---

① 参见《左传·襄公元年》。
②《左传·襄公十年》。
③《左传·僖公三十年》。
④《史记》卷40《楚世家》。
⑤《史记》卷42《郑世家》。
⑥《左传·宣公十五年》。

宋立盟而还，并未乘机灭宋。其主要原因是：郑、宋距离列强的统治中心区域较远，往来跋涉艰难，如楚大夫所言："自郢至此（郑），士大夫亦久劳矣。"①两国疆域各数百里，亦不算狭小。如果直接占领，需要留驻大量军队来防御敌对强国的攻击和当地居民的反叛、长途供应给养，这是当时列强所无力承担的。若是只留下少量军队监戍，而郑、宋国力又较强，起不到实际控制作用。例如秦曾留下杞子、逢孙、杨孙三将率兵戍郑，"掌其北门之管"②。后来郑国下令逐客，他们无力抗拒，只得逃之夭夭了。在这种情况下，列强不得不采取征服后收兵回国、进行遥控的统治手段，待郑、宋受到敌人威胁，再出兵救援。由于郑、宋两国的战略地位非常重要，南北抗衡的争霸各方都不能容忍对手独据该地。所以自齐桓称霸后的百余年内，郑、宋频频受兵，被列强反复争夺，直到公元前546年，诸侯召开"弭兵之会"，约定郑、宋等中小国家两属于晋、楚，轮流向它们朝聘纳贡，才算平息了战事。

　　2. **陈、卫**。其战略地位略逊于郑、宋，但也是交通枢纽，为列强所瞩目。它们的共同特点之一，是临近晋楚两国出兵中原的通道门户。如"陈在楚夏之交，通鱼盐之货"③。陈国位居楚方城隘口之东，楚赴宋以至齐、鲁，要经过陈国。见《国语》卷2《周语中》："定王使单襄公聘于宋，遂假道于陈，以聘于楚。"韦昭注："假道，自宋适楚，经陈也。"楚师北上伐郑，也要考虑用兵方向侧

---

①《史记》卷42《郑世家》。
②《左传·僖公三十二年》。
③《史记》卷129《货殖列传》。

翼的安全，提防北方之敌从陈地西趋召陵，威胁方城隘口，断其粮道归途。征服了陈国，楚国才能放心对郑、宋用兵。正如卓尔康所言："陈、郑、许皆在河南为要枢，郑处其西，宋处其东，陈其介乎郑、宋之间。得郑则可以致西诸侯，得宋则可致东诸侯，得陈则可以致郑、宋。"①

晋、楚两国在作战中很重视对陈国的控制，如魏绛曾向晋悼公说明，应与宿仇戎狄和好，集中兵力与楚争夺陈国，因为陈之归属影响到中原诸侯对晋的叛从。"诸侯新服，陈新来和，将观于我。我德，则睦；否，则携贰。劳师于戎，而楚伐陈，必弗能救，是弃陈也。诸华必叛。戎，禽兽也。获戎失华，无乃不可乎！"②晋悼公因而接受了魏绛的"和戎"建议。楚国为了争取陈国的服从，曾不惜杀掉施政大臣。见《左传·襄公五年》："楚人讨陈叛故，曰：'由令尹子辛实侵欲焉！'乃杀之。"

卫地"西邻晋，东接齐，北走燕，南拒郑、宋"③。与晋之南阳为邻，与延津渡口近在咫尺。卫国若与楚国结盟，就会威胁晋师南下中原的交通干线。晋国在没有控制卫国、保障其后勤与运兵路线的安全时，是不敢贸然渡河至郑、宋，与楚交锋对阵的。如城濮之战时，晋军并未直接开赴前线，解除宋国所受的围困。而是先打败附楚的曹、卫两国，巩固了后方，才与楚军决战。顾栋高曾评论

---

① （清）顾栋高：《春秋大事表》卷28《春秋晋楚争盟表》，第1997页。
② 《左传·襄公四年》。
③ （清）顾栋高：《春秋大事表》卷4《春秋列国疆域表·卫疆域论》，第532页。

道："晋文城濮之战，楚始得曹而新婚于卫，盖欲为远交近攻之计，结卫以折晋之左臂，使晋不得东向争郑也。故晋文当日汲汲焉首事曹、卫，岂惟报怨之私，亦事势有不得不尔。晋欲救宋，则不得不先伐卫；晋欲服郑，则不得不先服卫，卫服而郑、鲁诸国从风而靡矣。盖卫踞大河南北，当齐、晋、郑、楚之孔道，晋不欲东则已，晋欲东则卫首当其冲。曹、卫以北方诸侯而为楚之役，天下几不复知有中夏，此晋文之用兵所以不获已也。"[1]

　　陈、卫的共同特点之二，就是都处于中原地带边缘，坐落在弧形中间地带两个相邻强国间的交通路线上。如卫介于齐、晋之间，"其曹濮之地，与齐犬牙错互。宣、成之世，卫屡受齐师。每有齐师，则乞援于晋"[2]。自晋文称霸之后，卫附属于晋，成为晋国阻止齐兵进入中原的前线阵地。而陈介于吴、楚之间，弭兵之会以后，南北休战，吴、楚两国的战争愈演愈烈。春秋时期，长江航运尚在草创阶段，吴楚交兵多由陆路，陈国因故屡受双方的攻伐争夺，从而叛属无常。例如吴国伐陈，"楚子曰：'吾先君与陈有盟，不可以不救。'乃救陈，师于城父"[3]。《左传·哀公九年》曰："夏，楚人伐陈，陈即吴故也。"次年"冬，楚子期伐陈，吴延州来季子救陈。"[4]

　　无论哪一方控制了陈国，都会使对手深感不安。《左传·哀公

---

①（清）顾栋高：《春秋大事表》卷4《春秋列国疆域表·卫疆域论》，第532页。

②（清）顾栋高：《春秋大事表》卷4《春秋列国疆域表·卫疆域论》，第532页。

③《左传·哀公六年》。

④《左传·哀公十年》。

元年》载："吴师在陈，楚大夫皆惧，曰：'阖庐惟能用其民，以败我于柏举，今闻其嗣又甚焉，将若之何？'"为了与吴国争陈，楚王不惜冒性命危险。《左传·哀公六年》曰："秋七月，楚子在城父，将救陈。卜战，不吉；卜退，不吉。王曰：'然则死也。再败楚师，不如死。弃盟，逃仇，亦不如死。死一也，其死仇乎！'……将战，王有疾。庚寅，昭王攻大冥。卒于城父。"

陈、卫两国最后的归属，则是由晋、楚平分秋色。城濮之战结束后，卫服于晋，楚不能越郑、宋而与之争。"自是以后，卫几同晋之鄙邑"[①]。疆土多被晋国侵蚀，其外交、军事也受到晋国操纵，晋之君臣视其如同属县，晋臣成何曰："卫，吾温、原也，焉得视诸侯。"[②]杜预注："言卫小，可比晋县，不得从诸侯礼。"而陈国近于楚，距晋较远，晋国亦难以频繁出师与楚争陈，如《左传·襄公五年》记载："楚子囊为令尹。范宣子曰：'我丧陈矣。楚人讨贰而立子囊，必改行，而疾讨陈。陈近于楚，民朝夕急，能无往乎？有陈，非吾事也；无之而后可。'"

晋国若想与楚争陈，必须先取得郑国的服属和支持，因为郑在晋、陈之间，为晋出师所必经，郑之国力又强于陈，它既能辅助晋军伐陈，又能单独对陈施加压力，逼其附晋。郑国大臣子家曾对晋卿赵宣子说："以陈、蔡之密迩于楚，而不敢贰焉，则敝邑之故

---

① （清）顾栋高：《春秋大事表》卷4《春秋列国疆域表·卫疆域论》，第532页。
② 《左传·定公八年》。

也。"①杨伯峻注："谓郑事晋殷勤，陈、蔡不敢专事楚。"②弭兵之会以后，郑国中立，晋国即无法对陈施以影响，只得听任楚国侵占。

（五）在中原地带建立军事据点

由于中原各邦在外交上多采取"唯强是从"的政策，强国来伐，即纳贡结盟，权且听命；待盟主收兵回国，则往往是"口血未干而背之"③，并不恪守盟约。为了保障对中原属国的控制，诸强纷纷在其边境修筑城堡，留驻军队，构成近在的威胁，使它们不敢轻易叛盟。此种措施被称为"偪（逼）"，对待不肯服从又暂时无法攻克的小国，诸强也采取过这种做法。例如"齐侯使诸姜、宗妇来送葬，召莱子。莱子不会，故晏弱城东阳以偪之"④。《左传·哀公十五年》曰："成叛于齐，武伯伐成，不克，遂城输。"杜预注："以偪成。"

晋国在与楚争霸的作战中，曾于郑国边境重镇虎牢筑城戍兵，迫使郑国屈服。见《左传·襄公十年》："诸侯之师城虎牢而戍之，晋师城梧及制，士鲂、魏绛戍之。书曰'戍郑虎牢'，非郑地也，言将归焉。郑及晋平。"后来晋国又在伊洛上游的阴地（今河南省卢氏县）设置戍所，以大夫辖领⑤。公元前525年，晋出兵灭掉汝水北岸的陆浑之戎，后亦在其地筑城戍军，见《左传·昭公二十九

---

①《左传·文公十七年》。
②杨伯峻：《春秋左传注》，第625页。
③《左传·襄公九年》。
④《左传·襄公二年》。
⑤参见杨伯峻：《春秋左传注》哀公四年，第1627页。

年》："冬，晋赵鞅、荀寅帅师城汝滨。"杜预注："汝滨，晋所取陆
浑地。"这是晋国在春秋时期军事力量南戍的极点。

楚国在这方面的举措最多，曾于方城之外广筑城池。其前期
针对北方敌国，主要在郑国南境和陈、蔡所居的汝、颍流域筑城。
可见：

《左传·僖公二十三年》：

> 秋，楚成得臣帅师伐陈，讨其贰于宋也，遂取焦、夷，城
> 顿而还。

《左传·宣公十一年》：

> 令尹蒍艾猎城沂（笔者注：沂在今河南省正阳县）。

《左传·昭公元年》：

> 楚公子围使公子黑肱、伯州犁城犫、栎、郏，郑人惧（笔
> 者注：三城分别在今河南省鲁山县东南、新蔡县北及郏县）。

《左传·昭公十一年》：

> 楚子城陈、蔡、不羹，使弃疾为蔡公。

《左传·昭公十九年》载楚平王大城城父（今河南省宝丰县东），令太子建居之。并使令尹子瑕再度城郏，将周地属楚的阴戎迁至下阴（今湖北省光化县西）。此时因吴国袭扰日甚，楚对北方收缩兵力，以防御为主，不再摆出进攻的态势，故鲁国叔孙昭子闻讯曰："楚不在诸侯矣，其仅自完也，以持其世而已。"

从晋、楚的上述筑城地点来看，分别散布于黄河以南及方城之外，是两国边境的屏藩，与山川等天然防线唇齿相依，不但对中原邻邦形成威胁，还掩护着本国的疆界，在军事上可谓一举两得。

楚国后期的筑城多是为了防御东边的强邻吴国，地点多在淮河及颍水流域。例如《左传·昭公四年》：

> 楚子欲迁许于赖，使斗韦龟与公子弃疾城之而还……冬，吴伐楚，入棘、栎、麻，以报朱方之役。楚沈尹射奔命于夏汭，箴尹宜咎城钟离，薳启疆城巢，然丹城州来（笔者注：赖在今湖北省随州市东，钟离在今安徽省凤阳县东北，巢在今安徽省寿县南，州来在今安徽省凤台县）。

《左传·昭公十九年》：

> 楚人城州来……

《左传·昭公二十五年》：

　　楚子使薳射城州屈，复茄人焉。城丘皇，迁訾人焉。使熊相禖郭巢，季然郭卷（笔者注：州屈在今安徽省凤阳县西，丘皇在今河南省信阳市，卷在今河南省叶县西）。

　　《左传·昭公三十年》载吴国二公子奔楚，楚王"使居养，莠尹然、左司马沈尹戌城之……楚沈尹戌帅师救徐，弗及。遂城夷，使徐子处之"。养在今河南省沈丘县，邻安徽省界首市；夷在今安徽省亳州市东南[1]。

　　弧形中间地带诸强在中原的筑城活动，主要是晋、楚两国进行的；秦国缺乏记载，齐国则甚少，和这两个国家受到晋国的遏制有关。

（六）迁徙属国、降国

　　春秋诸强在争霸作战中，除了将本国的军队部署在有利的地理位置上，以满足攻防需要之外，还对另一种军事力量——即在政治上不太可靠的附属国、战败国及少数民族进行调遣，根据战略的安排，将其君民迁出原有居住地，转移到其他区域。《春秋》《左传》中关于"迁"的记载很多，基本上都是在强国的逼迫下做出的。刘师培《春秋左氏传答问》曰："《春秋》之例，自迁弗书，经所书迁，均逼于外势者也。许四书迁，三由楚命。蔡迁迫于吴，邢、卫之迁皆迫于狄……然《春秋》所书，均属非意之迁。"有些诸侯国甚至

――――――――――

[1] 参见杨伯峻：《春秋左传注》，第1507—1509页。

被盟主强制迁徙了许多次。例如，"许国本在现在河南的许昌市东，它始迁于叶，为现在河南叶县，在楚国方城之外。再迁于夷，在现在安徽亳县东南。三迁于荆山，在现在湖北中部。四迁由荆山复归于叶，五迁于析，在现在河南内乡县西。六迁于容城，在现在叶县西北。辗转迁徙最后复归于方城之外"①。

从那些国家、民族迁徙的方向、位置来看，大致可以分为以下几类：

1. 驱逐。征服者占领对方的城邑后，将原有的君民百姓驱赶出去，任其所往，不安排迁移地点。这是一种比较原始的做法，战胜国家自己使用占领的土地，并不打算在经济、军事上利用被征服邦国、民族的人力资源。例如：

（1）齐国。《春秋·庄公元年》："齐师迁纪邢、鄑、郚。"杜预注："无传，齐欲灭纪，故徙其三邑之民而取其地。"杨伯峻注："邢、鄑、郚为纪国邑名，齐欲灭纪，故迁徙其民而夺取其地。邢音瓶，故城当在今山东省安丘县西。鄑音赀，故城当在今山东省昌邑县西北二十里。郚音吾，故城当在今安丘县西南六十里。"②

《春秋·闵公二年》："正月，齐人迁阳。"杨伯峻注："阳故城在今山东省沂水县西南，此盖齐人逼徙其民而取其地。"③

（2）晋国。《国语》卷2《周语中》载公元前635年，晋出兵平

---

① 史念海：《中国历史人口地理和历史经济地理》，台北：学生书局，1991年，第113页。
② 杨伯峻：《春秋左传注》，第156—157页。
③ 杨伯峻：《春秋左传注》，第261页。

定周室内乱，"王至自郑，以阳樊赐晋文公，阳人不服，晋侯围之。仓葛呼曰：'王以晋君为能德，故劳之以阳樊，阳樊怀我王德，是以未从于晋。谓君其何德之布以怀柔之，使无有远志？今将大泯其宗礽，而蔑杀其民人，宜吾不敢服也……'晋侯闻之，曰：'是君子之言也。'乃出阳民"。韦昭注："放令去也。"其事又见《左传·僖公二十五年》："阳樊不服，围之。苍葛呼曰：'德以柔中国，刑以威四夷，宜吾不敢服也。此，谁非王之亲姻，其俘之也？'乃出其民。"杨伯峻注："出者，放之令去也，取其土地而已。"[1]

（3）吴国。《左传·昭公三十年》载吴师灭徐，"徐子章禹断其发，携其夫人以逆吴子"。此举表示徐人愿意改俗为吴国臣民[2]，但是吴王不予接受，迫使其离去。"吴子唁而送之，使其迩臣从之，遂奔楚。"

2. 内迁。将服属邦族居民向宗主国的领土方向迁移，以便加强控制。这类迁徙还可以细分为二种：

（1）入境。由境外迁至宗主国境内，往往是人烟稀少的荒僻之地，可以利用他们来开发本土的资源，增强国力。其情况分述如下：

甲、楚国。楚在春秋灭国最多，经常采取内迁的措施，如《左传》所载楚之迁权、郧、罗、赖、阴戎、蔡等。楚国内迁诸侯规

---

① 杨伯峻：《春秋左传注》，第434页。
② 吴国民俗断发文身，见《史记》卷31《吴太伯世家》："太王欲立季历以及昌，于是太伯、仲雍二人乃奔荆蛮，文身断发，示不可用，以避季历。"《左传·哀公七年》称吴"大伯端委以治周礼，仲雍嗣之，断发文身，裸以为饰"。

模最大的一次，是在灵王时期，见《左传·昭公十三年》："楚之灭蔡也，灵王迁许、胡、沈、道、房、申于荆焉。"杜预注："灭蔡在（鲁昭公）十一年，许、胡、沈，小国也；道、房、申，皆故诸侯，楚灭以为邑。"然后把它们徙至境内。杨伯峻注："道，国名，其故城当在今河南省确山县北，或云在息县西南。""胡，妫姓，故国在今安徽阜阳市及阜阳县。沈，姬姓，故国在今河南沈丘县东南沈丘城，即安徽阜阳市西北……房，故国，在今河南遂平县治。申，姜姓，故国，在今河南南阳市北。荆即楚。"[①]

乙、晋国。晋对部分境外降服的邦族也采取了迁移内地、就近监管并使之开荒辟土的做法。如惠公时曾徙姜戎于晋国南鄙[②]。《左传·襄公十年》载晋率诸侯联军灭偪阳（东夷小国），"以偪阳子归，献于武宫，谓之夷俘。偪阳，妘姓也。使周内史选其族嗣，纳诸霍人"。杨伯峻注："霍人，晋邑，在今山西繁峙县东郊，远离其旧国，防其反叛。"[③]

公元前520年，晋国出兵灭掉位于今河北省晋州市的白狄鼓国[④]。《国语》卷15《晋语九》载晋灭鼓后迁其故君与臣属于晋国南境居住垦殖，"与鼓子田于河阴，使夙沙釐相之"。韦昭注："河阴，

①杨伯峻：《春秋左传注》，第307页，第1361页。
②《左传·襄公十四年》戎子驹支曰："惠公蠲其大德，谓我诸戎，是四岳之裔胄也。毋是翦弃，赐我南鄙之田。"
③杨伯峻：《春秋左传注》，第978页。
④《左传·昭公十五年》："晋荀吴帅师伐鲜虞，围鼓。"杨伯峻《春秋左传注》："鼓，国名，姬姓，白狄之别种，时属鲜虞。国境即今河北晋县。"第1370页。

晋河南之田，使君而田之。"

不过，从春秋历史发展趋势来看，上述内迁的情况越来越少，楚平王甚至把原来迁入楚境的许、胡、沈、道、房、申等小国全部遣出境外[①]。

（2）近境。此种迁徙的移动方向与前一种相同，区别在于被迁邦族并不进入宗主国境内，只是靠近其边境。这种措施的目的在于使被迁者易于获得盟主的军事支援，借以避免或减轻敌对国家的侵害。以楚之属国为例，计有顿、许、徐、潜等[②]。

吴国迁蔡亦是一例，"楚昭王伐蔡，蔡恐，告急于吴。吴为蔡远，约迁以自近，易以相救；昭侯私许，不与大夫计。吴人来救蔡，因迁蔡于州来"[③]。《史记索隐》："州来在淮南下蔡县。"

从表面上看，上述事例有一些是被迁国自己提出来的，但宗主国同意其向内迁移，靠近边境，是经过仔细考虑、认为符合本身的利益需要才答应的。这样做除了便于出兵救援之外，还加强了对这些属国的控制，杨伯峻曾评论楚国迁许至叶的行动说："此后，许为楚附庸，晋会盟侵伐，许皆不从；楚有事，许则无役不从。"[④]另外，还可以利用这些小邦来骚扰、牵制敌国。如《左传·襄公四年》曰："楚人使顿间陈而侵伐之，故陈人围顿。"杜预注："间，伺

---

①《左传·昭公十三年》："楚之灭蔡也，灵王迁许、胡、沈、道、房、申于荆焉。平王即位，既封陈、蔡，而皆复之。"
②参见《汉书》卷28上《地理志上》汝南郡南顿条及注，《水经注》卷22《颍水》及《左传》僖公二十五年，成公十五年，昭公三十年、三十一年。
③《史记》卷35《管蔡世家》。
④杨伯峻：《春秋左传注》，第877页。

间缺。"

3. 徙边。被迁邦族是从宗主国的域内徙至境外，或者是从其境外的某处迁到另一处。从迁移地点来看，也能分成以下几种：

（1）迁往宗主国与中原交界的地域。如晋国曾向周室所在的伊水流域迁徙陆浑（允姓）之戎，见《左传·僖公二十二年》："秋，秦、晋迁陆浑之戎于伊川。"杜预注："允姓之戎，居陆浑，在秦、晋西北。二国诱而徙之伊川。遂从戎号，至今为陆浑县也。"《左传·昭公九年》亦载周使詹桓伯辞于晋曰："……先王居梼杌于四裔，以御螭魅，故允姓之奸居于瓜州。伯父惠公归自秦，而诱以来，使偪我诸姬，入我郊甸，则戎焉取之。"实际上晋国是将允姓诸戎布置在对楚作战的前沿，成为防御楚师北上的一道屏障。楚庄王争霸中原时，就曾出兵伐陆浑之戎，并问鼎于周室[①]。但后来陆浑之戎慑于楚国的胁迫，不再坚持为晋卖命，采取了两面敷衍的投机政策，因而在公元前525年被晋国派兵袭灭。《左传·昭公十七年》载："（九月）庚午，遂灭陆浑，数之以其贰于楚也。"

又如许国在楚灵王时被内迁于荆（楚国境内），平王时又令其迁叶（今河南省叶县南），《左传·昭公十八年》载王子胜言曰："叶在楚国，方城外之蔽也。"杜预注："为方城外之蔽障。"也是用许进驻防备晋、郑等国南侵的前哨阵地，保护楚国的方城隘口。

（2）迁往弧形中间地带诸强交界的边境。如晋国迁原，见《左传·僖公二十五年》："冬，晋侯围原，命三日之粮。原不降，命去

---

① 《左传·宣公三年》。

之……退一舍而原降，迁原伯贯于冀，赵衰为原大夫。"原在今河南省济源市北，南遮孟津渡口。而冀在今山西省河津市东北，与秦国隔黄河相对。晋国此举是用自己的亲信来统辖这个通往中原的要地，而把原伯及族众置于受秦威胁的边境充当防盾。

楚也曾多次向与吴国交界的淮河流域迁徙附属小国，如《左传·昭公二十五年》曰："楚子使蓬射城州屈，复茄人焉。"杨伯峻注："据高士奇《地名考略》，州屈在今安徽省凤阳县西。茄音加，近淮水小邑。"[①] 许国原居叶，被楚迁至夷（今安徽省亳州市东南）。《左传·昭公九年》曰："二月庚申，楚公子弃疾迁许于夷，实城父。取州来、淮北之田以益之，伍举授许男田。然丹迁城父人于陈，以夷濮西田益之。迁方城外人于许。"杨伯峻注："楚有两城父，此所谓夷城父，取自陈……州来即今安徽凤台县，亦在淮水北岸。淮北范围甚广，疑此仅指凤台县至夷一带。"[②]

四年后，许国又自夷地复迁回叶。王子胜认为许与郑国有宿仇，居于楚邑，容易引起晋、郑的侵袭，建议将许迁出楚境，获得平王同意，把许迁到秦楚交界的析（今河南省淅川县）。见《左传·昭公十八年》："楚左尹王子胜言于楚子曰：'许于郑，仇敌也，而居楚地，以不礼于郑。晋、郑方睦，郑若伐许，而晋助之，楚丧地矣。君盍迁许……土不可易，国不可小，许不可俘，仇不可启，君其图之！'楚子说。冬，楚子使王子胜迁许于析，实白羽。"

以上两种迁徙，主要是出于军事防御的考虑，将服属的诸侯或

---

① 杨伯峻：《春秋左传注》，第1468页。
② 杨伯峻：《春秋左传注》，第1307页。

少数民族安置在境外，作为藩屏。这种战略部署可以上溯到三代，是古老的政治传统。可见《左传·昭公二十三年》沈尹戌所言："古者，天子守在四夷；天子卑，守在诸侯。诸侯守在四邻；诸侯卑，守在四竟。"尽量让"非我族类"的势力在前线先行迎敌，以节省、保护自己的兵力。与此相似的措施还有将政治上不信任的本国贵族或敌国降臣置于边境，准备迎击入侵，承担最危险的军事任务。例如晋国骊姬欲立己子为嗣，说服献公让公子"重耳居蒲城，夷吾居屈"①，守边御狄。

《左传·襄公二十八年》载齐国内乱，大臣庆封奔鲁，"既而齐人来让，奔吴。吴句余予之朱方，聚其族焉而居之，富于其旧"。杨伯峻注："朱方，今江苏镇江市东丹徒镇南。"②吴国的意图是以庆封御楚，后竟为楚师所灭。见《左传·昭公四年》："秋，七月，楚子以诸侯伐吴，宋大子、郑伯先归，宋华费遂、郑大夫从。使屈申围朱方，八月甲申，克之，执齐庆封而尽灭其族。"

吴公子光刺杀王僚，即位后捉拿领兵在外的烛庸、掩余（或作"盖余"）。"二公子奔楚，楚子大封，而定其徙，使监马尹大心逆吴公子，使居养，莠尹然、左司马沈尹戌城之，取于城父与胡田以与之，将以害吴也。"③《史记》则载楚封二人于淮南之舒地，后亦遭到吴军进攻，被杀。"吴公子烛庸、盖余二人将兵遇围于楚者，闻公子光弑王僚自立，乃以其兵降楚，楚封之于舒……三年，吴王阖庐

———————————

① 《左传·庄公二十八年》。
② 杨伯峻：《春秋左传注》，第1149页。
③ 《左传·昭公三十年》。

与子胥、伯嚭将兵伐楚，拔舒，杀吴亡将二公子。"①

（3）迁往诸强与周边地带交界之处。《左传·宣公十二年》载楚师克郑，郑伯出降时言："孤不天，不能事君，使君怀怒以及敝邑，孤之罪也，敢不唯命是听？其俘诸江南，以实海滨，亦唯命；其翦以赐诸侯，使臣妾之，亦唯命……"春秋时征服者处置亡国君民的手段之一，就是将他们迁到偏远的化外之地，驱往或接近周边地带。这样做在经济上可以利用被迁邦族来开荒拓境；在政治上，考虑到他们如果留在战胜国与中原或强邻的交界地段，容易与敌对势力相互勾结，发生叛乱而难以应付。迁往周边地带境界，就使他们和自己的强敌失去直接联系；当地生活环境的恶劣，也会限制其经济发展与人口繁衍，从而削弱被迁邦族的力量。即便举行叛乱，造成的威胁也不大。以楚为例，这种迁徙的情况有：

麇，亦作"麋"，其国原在陕南汉中。《左传·文公十一年》："楚子伐麇，成大心败麇师于防渚。潘崇复伐麇，至于锡穴。"杜注："防渚，麇地。""锡穴，麇地。"《汉书》卷28上《地理志上》汉中郡锡县本注曰："莽曰锡治。"颜师古注："应劭曰：'锡音阳。'"师古曰："即《春秋》所谓锡穴。"《水经注》卷27《沔水》："汉水又东迳魏兴郡之锡县故城北，为白石滩。县，故《春秋》之锡穴地也，故属汉中，王莽之锡治也。"何浩考证道："麇国当在今白河至郧县一带，或者说是在今白河、郧西、郧县、房县之间。其中心区域在汉水以北，其南境则伸入汉水以南的今房县北境。"②后被楚灭亡，

①《史记》卷31《吴太伯世家》。
②何浩：《楚灭国研究》，第227页。

南迁至今湖南岳阳。《通典》卷183《州郡十三·巴陵郡》即称岳州为"古麋子国"。

蔡，春秋前期国都在蔡（今河南省上蔡县）。公元前531年，蔡灵侯被楚诱杀于申，国灭。二年后复国，蔡平侯迁于新蔡（今河南省新蔡县）；昭侯时迁于州来（今安徽凤台），称为"下蔡"。《史记》卷35《管蔡世家》记载，蔡侯齐十年灭于楚。但是程恩泽根据《战国策·楚策四》《荀子·强国》《淮南子·道应训》等史料，考证出蔡国实际上被楚由下蔡迁到其西部边境山区，称"高蔡"，最终在蔡圣侯时被楚令尹子发率兵灭掉[1]。

罗，初被楚由今湖北宜城迁到枝江，后又徙至湖南长沙。见《汉书》卷28上《地理志上》长沙国罗县条，颜师古注："应劭曰：楚文王徙罗子自枝江居此。"又见《水经注》卷34《江水》："（江水）又东过枝江县南……其地夷敞，北据大江，江汜枝分，东入大江，县治洲上，故以枝江为称。《地理志》曰：江沱出西，东入江是也。其地，故罗国，盖罗徙也。罗故居宜城西山，楚文王又徙之于长沙，今罗县是矣。"杨伯峻曰："罗，熊姓国。今湖北省宜城县西二十里之罗川城乃罗国初封之故城。其后楚徙之于湖北省旧枝江县（县治今已迁马家店镇），《后汉志》所谓'枝江侯国本罗国'是

---

[1]（清）程恩泽：《国策地名考》卷16《诸小国》："盖蔡虽一灭于灵王，再灭于惠王，复并于悼王，其后仍国于楚之西境所谓高蔡者。相其地望，当在今湖北之巴东、建始一带，故曰'北陵巫山，饮茹溪流，食湘波鱼'，而荀子亦云'西伐蔡'也……迨至子发获蔡侯归，而蔡乃真不祀矣。"《丛书集成初编》第3052册，中华书局，1985年，第278页。

也。今湖南省平江县南三十里有罗城，又是罗国自枝江所徙处。"①

（七）与争霸对手的邻国结盟，迫使敌人两面作战

弧形中间地带的诸强彼此间势均力敌，要想单独打败对手、摘取霸主的桂冠，是相当困难的。此外，在南北对抗的形势下，齐、晋与吴、楚之间被中原地带分隔，没有领土接壤。它们的交锋需要长途跋涉，费时劳苦，大军的粮草物资供应也很难解决。如果能够和敌国的邻邦结盟，在两条战线上进攻对手，这样既改变了双方的力量对比，又会造成敌人的兵力分散、顾此失彼，形成非常被动的局面。因此，这种战略在春秋诸侯的争霸斗争里获得了广泛运用，具体情况如下：

1. 晋合秦、齐以败楚。晋文公与楚争霸时，先联合秦国出师以伐都，从侧翼袭击楚国，攻克商密，俘获楚申公子仪、息公子边②。晋师在城濮与楚决战时，亦有齐国的归父、崔夭、秦国小子憖领军相助，促成了晋国的获胜。

2. 楚与秦结盟抗晋。秦国在殽之战后与晋反目为仇，楚国则乘机与秦联盟，"嫁子取妇，为昆弟之国"③。如秦《诅楚文》所追述"昔我先君穆公及楚成王实缪力同心，两邦若壹，绊以婚姻，袗以斋盟"，并进行了一系列军事合作，楚国从中获益甚多。例如：

（1）秦军长期袭扰晋国西境，牵制和削弱了晋的兵力，有助于

---

① 杨伯峻：《春秋左传注》，第135页。
② 《左传·僖公二十五年》。
③ 《战国策·齐策一》。

楚国在中原地带开展的争霸作战行动。

（2）秦国曾直接派兵协同楚师进攻中原，如公元前547年，秦楚合兵侵郑①。

（3）楚国几次遇到危难，得到秦军的有力支持。如公元前611年，"楚大饥，戎伐其西南，至于阜山，师于大林。又伐其东南，至于阳丘，以侵訾枝。庸人帅群蛮以叛楚，麇人率百濮聚于选，将伐楚"②。而秦国出师会合楚人灭庸，消除了重患。公元前506年，楚军惨败柏举，吴师长驱入郢，楚国危在旦夕，秦亦派子蒲、子虎率兵车五百乘救楚，击退吴师，扭转了战局，使楚国收复失地。

3. 晋联齐、吴以制楚。秦楚结盟后，晋国腹背受敌，陷于被动，终在邲之战中惨败于楚，丢掉盟主地位。事后晋国总结教训，调整了战略部署，积极与其他大国结盟，共同对付楚国。

（1）联齐。晋国在文公去世以后，西与秦国交恶，东边与齐国的联系也日趋淡漠。邲之战的失利，晋国霸业被楚取代，和它失去齐国的支持也有一定关系。赵孟何曾就此论道："自晋文公卒，齐不复与晋盟，晋是以不竟于楚，而历三君，问不及齐。齐，东方大国也，晋不得齐，则诸侯不附。"③楚国为了孤立晋国，亦与齐通使结

①《左传·襄公二十六年》："楚子、秦人侵吴，及雩娄，闻吴有备而还，遂侵郑。"
②《左传·文公十六年》。
③（清）顾栋高：《春秋大事表》卷28《春秋晋楚争盟表》，第1998页。

好①。晋国为了扭转不利的局面，对齐采取了软硬兼施的手段。一方面伙同鲁、卫、狄人，在鞌之战中打败齐军，迫使齐与楚绝交，转而支持晋国。另一方面，为了笼络齐国，又逼鲁国割汶阳之田予齐。此后齐国多次参加晋国主持的盟会，并派兵助师伐秦、伐郑，为晋厉公、悼公的复霸提供了帮助。

（2）通吴。晋景公派降将巫臣出使吴国，训练军队及怂恿其攻楚。"与其射御，教吴乘车，教之战陈，教之叛楚。置其子狐庸焉，使为行人于吴。吴始伐楚、伐巢、伐徐……蛮夷属于楚者，吴尽取之"②。开辟了另一条对楚战线。此后，楚国频繁出兵应付吴之袭扰，疲于奔命，难以再投入大量兵员、财力与晋国在中原进行逐鹿争霸了。

4. 楚联越击吴。"弭兵之会"以后，晋、楚平分霸权，在中原休战。而楚国与东邻吴国的交兵却屡遭败绩，继柏举之战失利、郢都弃守之后，公元前504年楚国水陆两军又受吴国重创，被迫迁都于鄀（今湖北省宜城市东南）以避其锋③。为了减缓吴国的军事压迫，楚与太湖之南的越国结盟修好，挑动它在背后袭击吴境，牵制吴军。楚王曾娶越女，《史记》卷40《楚世家》载昭王领兵救陈御

①参见《左传·成公元年》鲁臧宣叔言："齐楚结好，我新与晋盟，晋楚争盟，齐师必至，虽晋人伐齐，楚必救之，是齐、楚同我也，知难而有备，乃可以逞。"
②《左传·成公七年》。
③《左传·定公六年》："四月己丑，吴大子终累败楚舟师，获潘子臣、小惟子及大夫七人。楚国大惕，惧亡。子期又以陵师败于繁扬。令尹子西喜曰：'乃今可为矣。'于是乎迁郢于鄀，而改纪其政，以定楚国。"

吴时患病，死于军中，楚大臣相谋，"伏师闭涂，迎越女之子章立之，是为惠王。"《史记集解》服虔曰："越女，昭王之妾。"按楚国群臣立庶出之子为君，主要考虑其母是越人，想以此来发展两国的盟友关系，共同对吴作战。

另外，辅助越王勾践卧薪尝胆、打败吴国的两位股肱之臣——范蠡、文种，都是楚人，还出任过要职。《史记·越王勾践世家·正义》引《吴越春秋》曰："大夫种姓文名种，字子禽。荆平王时为宛令。""（范）蠡字少伯，乃楚宛三户人也。"二人由楚至越后主持军政事务①，"（勾践）欲使范蠡治国政，蠡对曰：'兵甲之事，种不如蠡；镇抚国家，亲附百姓，蠡不如种。'于是举国政属大夫种"②。越本是蛮夷小邦，能够在二十余年内富国强兵，灭亡吴国，范、文二人居功甚伟，楚国亦因此除掉了心腹大患。

四、余论

春秋时期中原地带的华夏、东夷诸侯及周朝王室在政治上呈分散衰弱的状况，自大国争霸的局面形成后，它们都要依附、服从于某个弧形中间地带的强国，是后者兼并、役使和压榨的首要对象。周边地带南部的蛮夷无足称道，北部的戎狄虽然在春秋初年嚣张一

---

①《史记》卷41《越王勾践世家·正义》引《越绝书》称范蠡、文种二人推历望气而投奔越国，恐不足信。根据当时的军事形势和楚国的对越政策来看，他们应是接受楚国助越攻吴的使命而成行的。
②《史记》卷41《越王勾践世家》。

时，不久便随着齐、晋、秦等国的崛起而处于颓势，向北方、西方步步退缩。"自宣迄昭六七十年，晋灭陆浑，兼肥、鼓，划潞氏、留吁、铎辰，戎狄之在河朔间者稍稍尽矣，独无终以请和得存。"①从地理角度来看，春秋的历史主要是弧形中间地带诸强领土由点到面的扩张史。齐、晋、秦、楚兴起后，彼此保持着均势，相互间的边界变动也不大，它们的疆域扩展基本是靠"内取诸夏"和"外攘夷狄"来实现的，即兼并中原弱小诸侯和周边少数民族的土地，降服中原各邦是诸强的首选作战任务，它们制订的种种战略也受到上述地理形势的制约影响，多数内容围绕着以下目的——尽力去占领、控制中原地带，将对手驱除或阻隔于中原之外。"弭兵之会"以后，随着各个大国内部社会矛盾的激化，以及吴、越的崛起，诸强对中原核心区域——郑、宋等地的争夺暂时停止，交战的热点地段向东转移到了吴楚、吴齐之间的淮河、泗水流域。这一趋势延续到战国前期，列国变法改革图强后再次掀起兼并狂潮。齐取泗上，韩国灭郑，魏渡河据梁地，楚国进占淮北，中原地带被瓜分得所剩无几，南北列强的军事力量发生直接碰撞，不再通过第三国的中间地带往来接触。更为重要的是，西方的秦国日益强盛，频频越过黄河、崤函和武关来向东方进攻，六国被迫多次结盟抗秦，出现了东西两大武装集团对抗的形势，旧的政治地理格局被彻底打破，而"合纵""连横"等新的地缘战略开始登场。

_____

① （清）顾栋高：《春秋大事表》卷39《春秋四裔表·叙》，第2161页。

春秋时期的诸侯争郑

一、诸侯争郑的历史演变

春秋在我国古代以战争频繁而闻名，仅有关著作的统计，诸侯间的征伐有380余次①。当时王室衰微，大国争霸，数百年来干戈纷扰，茫茫神州几无宁日。值得注意的是，列强都把"服郑"——控制郑国当作战胜对手、建立霸权的必要步骤，为此不惜劳师动众、连年用兵。杨伯峻指出："（春秋诸侯）欲称霸中原，必先得郑。当晋、秦争霸时，郑为晋、秦所争。今晋、楚争霸，又为晋、楚所争，国境屡为战场，自襄公以来，几至年年有战事。"②据初步统计，郑在春秋时遭受战灾约80次③，为列国中蒙难最重者，是名副其实的兵家必争之地。

郑国在西周时建国很晚，先祖桓公姬友为宣王之弟，公元前806年始封于郑（今陕西省渭南市华州区）。幽王之时，他见西土

①《中国军事史》编写组：《中国军事史》附卷《历代战争年表（上）》。
②杨伯峻：《春秋左传注》，第988页。
③《中国军事史》编写组：《中国军事史》附卷《历代战争年表（上）》。

艰危，天下将乱，便接受了史伯的建议，行贿于虢、郐，将部分族人和财物寄居在两国之间。西周灭亡后，郑武公率众东迁，都新郑（今河南省新郑市），逐步兼并邻近小国，占有今河南省中北部一带，成为周都洛邑以东的重要诸侯。据郑臣子产追述："昔我先君桓公与商人，皆出自周，庸次比耦以艾杀此地，斩之蓬蒿藜藿而共处之。"①可见那里在西周末年还是荆榛丛生、满目荒凉，而数十年后却屡屡被列强当作风云际会的战场，许多重要战役，如泓之战、殽之战、邲之战、鄢陵之战，都和诸侯对郑国的争夺有直接关系。从历史发展来看，自公元前682年齐桓公率诸侯主北杏之盟开始，到公元前546年列国举行"弭兵之会"、订盟休战为止，在这争霸战事最为激烈的百余年内，列强对郑国的争夺可以分为以下几个阶段：

（一）齐楚争郑

春秋前期强盛起来的大国首推齐、楚。齐桓公于公元前685年即位，任管仲为相、富国强兵，积极对外扩张，并联络宋、卫、郑、陈、曹、鲁等诸侯，以"尊王攘夷"相号召，初任华夏盟主。南方的楚国此时也蒸蒸日上，先后占领了江汉平原、南阳盆地，随即挥师北进，叩打中原的大门。春秋时期两大政治集团的对抗形势从此奠立。后来齐国衰落，其盟主对外由晋国接替，而这种南北对峙冲突的军事地理格局却没有改变，一直延续到春秋末年，郑国均是双方反复争夺的主要战略目标，如顾栋高所称："然自是而楚患兴

①《左传·昭公十六年》。

矣，齐、晋迭伯，与楚争郑者二百余年。"①

公元前678年夏，由于郑国背盟侵宋，齐桓公联合宋、卫两国军队伐郑，迫使郑国屈服。而当年秋天，楚国因郑倒向齐国，也派兵攻郑，直到栎（今河南省禹州市）而退。

公元前667年，齐桓公邀诸侯会盟，郑国亦参加，再度引起楚国的不满，第二年又派令尹子元率六百辆兵车伐郑，打进了郑都郭城。齐、鲁、宋等国联合发兵救郑，楚军始退。

公元前659年秋，"楚人伐郑，郑即齐故也"②。还是因为郑服从了齐国。齐桓公因此约会宋、鲁、郑、邾四国君主商讨退楚之策。次年楚师再度伐郑，打败郑军，并俘虏了郑臣聃伯。下一年冬，楚师又伐郑，郑文公欲媾和，被大夫孔叔劝阻。第二年春季，齐桓公为了阻止楚国势力北侵，率领诸侯联军打败了附属于楚的蔡国，并乘胜伐楚，陈兵于召陵（今河南省漯河市郾城区东），迫使楚国订盟，挫败了它屡次伐郑、染指中原的企图。

召陵之盟以后，齐、楚两国对郑国的争夺并未停止。公元前655年，齐桓公邀诸侯在首止会盟，周惠王因嫉恨齐国权力过盛，"使周公召郑伯，曰：'吾抚女以从楚……'"③唆使郑国逃盟叛齐。次年齐、鲁、宋、陈、卫、曹等国会师伐郑，惩其背盟，楚国则派兵围许以救郑。公元前653年，齐桓公又单独出兵伐郑，郑国派太

①（清）顾栋高：《春秋大事表》卷4《春秋列国疆域表·郑疆域论》，第536页。
②《左传·僖公元年》。
③《左传·僖公五年》。

子请降，声称愿事齐如封内之臣。"我以郑为内臣，君亦无所不利焉"①。次年冬，齐桓公又会诸侯于洮，"郑伯乞盟，请服也"②。齐国最终在争夺中获胜。高闳曰："郑自此年从齐，至十七年小白卒，楚人绝迹于郑，（齐）桓之伯功盛矣。"③

郑国之所以屡次叛齐，是由于它认为齐国地处泰山以北，与郑相隔卫、鲁、宋等国，路途遥远，师旅往来不易。而楚国占据南阳盆地以后，与郑接壤，距离较齐为近，军事威胁要严重得多，所以不愿与楚为敌，对齐屡服屡叛。直到召陵之盟以后，眼见以齐为首的华夏联盟势力强盛，楚不敢与之交锋，才改变了骑墙观望的态度。顾栋高对此评论道："齐积谋攘楚数十年，始终皆为郑，其勤亦至矣。而郑以齐之强不如楚，齐远而楚近，首叛齐侯。且许在郑之南，更迩于楚。许犹坚从中国，而郑顾反覆，郑在齐桓世已狡狯如此。"④

（二）宋楚争郑

公元前643年冬，齐桓公去世，郑国立即投楚。此后，宋襄公平定齐国的内乱，企图接替齐国的霸业，成为中原诸侯的新首领。公元前638年，郑伯朝见楚成王，激怒了宋襄公。宋襄公会合了宋、卫、许、滕四国军队伐郑，"楚人伐宋以救郑"⑤，并在泓水之战中大

---

①《左传·僖公七年》。
②《左传·僖公八年》。
③（清）顾栋高：《春秋大事表》卷26《春秋齐楚争盟表》，第1963页。
④（清）顾栋高：《春秋大事表》卷26《春秋齐楚争盟表》，第1962页。
⑤《左传·僖公二十二年》。

败宋军，使宋襄公的称霸梦想彻底破灭。战后，郑、鲁、陈、蔡、许、曹、卫、宋等国纷纷从楚，楚之霸业煊赫一时，"天下几不复知有中夏"①。

（三）秦晋争郑

泓水之战后数年，晋文公返国图霸，得到秦国支持。公元前633年，宋国叛楚从晋，郑国继续为虎作伥，出兵助楚攻宋，并在城濮之战中参加楚军阵营，与中原诸侯为敌。楚军战败后，一时无力北上。公元前631年，晋文公会诸侯于翟泉（今河南省洛阳市孟津县平乐镇），《左传》称其"寻践土之盟，且谋伐郑也"②。次年秦国如约出兵，联合晋军攻郑，以扫除它称霸中原的障碍。郑伯见形势危急，遣谋臣烛之武说服秦国撤兵，保证做秦之属国。秦穆公同意后留下部分兵马，协助郑国防卫都城。郑国又尊晋君为盟主，脱离楚国，但秦、晋两国均未能单独控制郑国。

公元前628年，晋文公去世，戍郑的秦将杞子乘机遣使密告，"若潜师以来，（郑）国可得也"③。秦穆公闻讯后发兵偷袭，欲灭亡郑国，独占此战略要地，但阴谋败露，未能成功。秦军班师回国时，在殽地被晋国伏兵打败，全军覆没。戍郑的秦国三将逃奔齐、宋，郑国独属于晋，与秦为敌。《史记》卷42《郑世家》载郑缪公

---

①（清）顾栋高：《春秋大事表》卷4《春秋列国疆域表·卫疆域论》，第532页。
②《左传·僖公二十九年》。
③《左传·僖公三十二年》。

三年，"郑发兵从晋伐秦，败秦兵于汪"。

（四）晋楚争郑

晋、楚两国争夺霸权的战斗，从公元前633年楚军围宋，晋师伐曹、卫以相救开始，到公元前546年"弭兵之会"结束，延续了八十余年。在春秋的历史上，双方的争战历时最久，涉及的地域最广，规模、影响最大，以致有些学者认为，"晋、楚两国的历史是一部《春秋》的中坚"[1]。两国的对抗和交战，往往也是围绕着"争郑"而进行的，先后可以分为几个时期：

1. 城濮之战以后，晋文公、晋襄公先后为诸侯盟主，自公元前630年郑国叛楚服晋，到公元前618年楚军伐郑获胜、与郑结盟为止，这段时间内郑国在晋的势力控制下，楚军曾于公元前627年伐郑，晋国及时相救，迫楚退兵。

2. 晋襄公死后，国内屡生变乱，势力渐衰，又与秦国频频冲突。楚国乘机北伐，从公元前618年到公元前591年，楚穆王、楚庄王出兵郑国8次，晋军救郑或伐郑7次，在对抗中处于下风。在此期间，楚军于公元前597年攻陷郑都，又在邲之战中大败晋军，楚庄王由此取得了霸主的地位。庄王死后，余烈未消，公元前589年，楚在蜀地（今山东省泰安市西）约十四国诸侯会盟，齐、秦、鲁、郑、宋、卫等国皆从命前往。这段时期内楚国的霸业达到鼎盛，郑国基本上被楚国控制。

---

① 童书业：《春秋史》，山东大学出版社，1987年，第181页。

3. 晋景公末年调整了内外政策，与戎狄讲和，稳定了后方。在鞌之战中打败齐军，国势复盛，又联合吴与楚争郑。从公元前588年晋师伐郑，到公元前547年秦、楚联军伐郑，41年之内，晋、楚各向郑国出兵14次，多数情况下晋国占据上风。楚国因为屡受吴国袭扰，削弱了力量，在鄢陵之战、湛阪之战等大战中连连告负，致使晋厉公、晋悼公重振霸业，郑国又倒向了以晋国为首的华夏诸侯联盟。

公元前546年，诸侯代表在宋举行"弭兵之会"，订盟休战，郑与其他小国共尊晋、楚为霸主。此后中原的局势大为缓和，多年免受兵灾，列强对郑国的争夺基本上结束，直到战国初年。

二、诸侯争郑的原因

为什么春秋时期的郑国兵祸连年、受侵不止呢？笔者认为，主要原因在于两周之际的中国社会形势发生了剧变，新的政治地理格局使郑国所在区域的战略价值陡然增升，从而引起了争霸诸侯们的觊觎。

犬戎攻陷镐京、平王被迫东迁后，周朝王畿局限于洛邑附近，方圆不过数百里，"而屡弱不振，日朘月削"[①]，实力和影响一落千丈。原来封地褊狭、国力弱小的齐、晋、秦、楚等诸侯，由于境内经济的迅速发展，势力不断扩张，在政治舞台上称霸扬威，号令天

① （清）顾栋高：《春秋大事表》卷4《春秋列国疆域表·周疆域论》，第502页。

下。春秋时期的政局，基本上是由这几个大国更迭主宰的。它们的
领土自齐国所在的山东半岛向西延伸，经过晋国的东阳、河内（今
河北省中南部）、河东（今山西省西南部），到达秦国的关中平原，
然后折向东南，经商洛、淅川进入楚国的南阳盆地、江汉平原，至
大别山以东、与吴国交界的淮南，在东亚大陆上构成了一个巨大的
弧形地带。其中齐晋、秦晋、秦楚之间都有疆界相连，但是受到黄
河、秦岭东脉等复杂地形、水文条件的局限，难以展开兵力、运输
给养，不利于军队的运动和作战。四大强国彼此又势均力敌，相互
在边境攻打会遇到强烈的抵抗与反击，很难吞并对方的领土。像秦
曾逾武关灭鄀，越崤函灭滑，渡黄河取王官，最后仍被迫放弃，为
楚、晋所有。强国之间的边境战争虽有胜负，但未给接壤地区的疆
界和领土带来大的变动。齐、晋、秦、楚的扩张主要是靠"内取诸
夏"和"外攘夷狄"，即选择境外边远地区的少数民族和内地中小
诸侯做兼并对象。特别是被四强领土半包围的黄淮平原（今豫东、
鲁西南、苏北、皖北），境内地势平缓，河流纵横，交通便利，气
候温暖湿润，土质肥沃，是三代以来农业发达、资源丰富的区域，
物产远远胜过夷狄所居的蛮荒之地。在政治上，那里分散着数十百
计的华夏、东夷诸侯，处于小国寡民的状态，没有形成强大的军事
力量。因此，对列强来说，向这个地区用兵损失较小，却能获得最
大的收益。在大国争霸的角逐中，靠近它们的小国如谭、遂、莱、
莒、虞、虢、申、息、吕、江等，纷纷被其吞并，而距离稍远或国
力略强的中小诸侯，像郑、卫、宋、鲁、曹、邾等，列强暂时无力
消灭，但也不断蚕食其领土，千方百计地控制和支配它们，使之成

为自己的属国，就可以得到许多好处。和平时期向它们勒索财物，使"职贡不乏，玩好时至"①。战争时期责令它们供应军需，出兵助阵，借以增强军力，击败对手。

向中原（豫东、鲁西南、苏北平原）发展势力，降服那里的众多诸侯，是春秋列强争霸的主要战略任务，而位于东亚大陆核心的郑国，由于地理位置的重要，更成为各国瞩目的焦点，深受兵灾之害，其具体原因有以下几点：

（一）郑国处于东西、南北陆路干线汇合的十字路口，属于交通枢纽

春秋时期中国东、西两大经济区域——华北平原和关中平原之间的交通往来，主要依靠横贯豫西山区的狭窄通道。自秦国所在的渭水流域东行，沿着黄河南岸，穿越桃林、崤函的险要峡谷，到达周朝王室所居的伊洛平原。再由洛邑东过偃师，出虎牢天险，至郑国境内，便开始进入平坦辽阔的黄淮海平原。沿着济水、濮水、睢水，向东有数条大道直通曹、卫、宋、鲁，远抵齐国和淮北、泗上，东方诸侯和周王室的朝聘往来都要经过郑国。秦国要想向中原进兵，最直接的路线也是这条途径，如能占领郑国，即控制了豫西走廊的东边门户，不仅能够自由出入，还能将王室置于肘腋之下，可挟天子以令诸侯。秦穆公就是出此目的，才冒险派兵马远涉千里袭郑。有人评论此举，"盖乘文公之没蕲，灭郑而有之，其地反出周、

---

①《左传·襄公二十九年》。

晋之东。使衰绖之师不出，秦将包陕、洛，亘崤、函，其为患且十倍于楚……秦得郑则周室如累卵，三川之亡，且不待赧王之世"①。

南方大国荆楚与北方交通的陆路干线，也和郑国有密切关系。楚国北进的主要道路是自郢（今湖北省荆州市）出发，水陆兼行，经襄阳进入南阳盆地，盆地的西北为伏牛山，东南为桐柏山，两条山脉相对的丘陵地段有著名的方城隘口，在今河南省方城、叶县之间。楚国军队、商旅的北行，以经过这条通道最为方便，历史上称其为"夏路"，《史记索隐》解释道："楚适诸夏，路出方城，人向北行。"②方城隘口以北是郑国疆界，人众车马直登坦途，沿着豫东平原的西缘前进，穿越郑国境内，北渡黄河，便进入晋国的（修武）南阳、河内。

楚国北进中原的另一条路线，是出方城隘口往东，横穿汝、颍流域，经过陈都宛丘（今河南省周口市淮阳区东）与宋都商丘，再到鲁都曲阜，最后抵达泰山以北的齐国。公元前634年，楚军伐宋，又接受鲁国的请求伐齐，占领谷邑（今山东省东阿县），留兵戍守，就是经由此道。如卓尔康所言："陈、郑、许皆在河南为要枢，郑处其西，宋处其东，陈其介乎郑、宋之间，得郑则可以致西诸侯，得宋则可以致东诸侯。"③

郑、宋两国的地理位置均处于交通要冲，不过郑国更具有战略

---

① （清）顾栋高:《春秋大事表》卷31《春秋秦晋交兵表·叙》，第2039—2040页。
②《史记》卷41《越王勾践世家》。
③ （清）顾栋高:《春秋大事表》卷28《春秋晋楚争盟表》，第1997页。

价值。首先，因为楚国的春秋争霸主要对手是黄河以北的晋国，郑国隔在两大强国之间，"其距晋、楚道里俱各半"①。晋军伐楚，或由河东渡过孟津东行，出虎牢后南下；或由南阳（今河南省济源市至安阳市一带）由延津渡河，抵郑国北郊后南下，两条道路都要经过郑境。楚国若能控制郑国，可以利用它作缓冲区域，屏障自己的北部边境，阻碍晋军进入中原。其次，郑国南郊诸邑紧迫方城隘口，威胁着楚国北进中原的门户。楚若不能服郑，非但无法饮马黄河，兵临晋境，亦不敢轻易出方城，越陈、蔡而攻宋，向东北方向发展势力。春秋历史上楚国几次攻宋，围城数月，都是在服郑以后，以郑屏晋，确保方城隘口至陈这条交通线的侧翼安全，才敢放心出师，越千里而取宋。否则大军孤悬在外，敌兵若从郑境南下，封闭方城隘口，切断其粮道、归途，形势便岌岌可危了。正是因为这个缘故，清代学者王葆认为在中原列国里，"郑之要害，尤在所先，中国得郑则可以拒楚，楚得郑则可以窥中国"②。赵鹏飞亦曰："盖郑入楚，则楚兵将横行宋、卫之郊，天下诸侯为之不宁。"③再次，郑国傍靠王畿，其西境要塞虎牢扼守京师洛邑通往东方的孔道，与伊洛平原近在咫尺。列强如果控制了郑国，就能有效地对周王室造成威胁，迫使它承认自己的霸权，并利用其政治影响来拉拢中小诸侯，加强己方的势力。齐桓公越过鲁、卫、宋等国，再三出兵与

①（清）顾栋高：《春秋大事表》卷28《春秋晋楚争盟表·晋悼公论》，第2026页。
②（清）顾栋高：《春秋大事表》卷26《春秋齐楚争盟表》，第1955页。
③（清）顾栋高：《春秋大事表》卷32《春秋晋楚交兵表》，第2064页。

楚争郑，也是由于他考虑到这个问题。顾栋高曾评论道："当日北方多故，桓公之为备者多，狄病邢、卫，山戎病燕，淮夷病杞，伊洛之戎为患王室，方左支右吾之不暇，明知天下之大患在楚，而未暇以楚为事，以为王畿之郑能不向楚，则事毕矣，故终其身竭力以图之。"[1]

（二）郑在中原诸侯内属于国力较强者，其归属对战略格局举足轻重

郑国在春秋初期经武公、庄公两代的扩张，其疆域北越黄河，东括汴梁，西据虎牢，南抵汝、颍，纵横二百余里。国内的农业、手工业均有较高水平，贸易也很发达，郑国商贾遍行天下，闻名于世。在中原的众多邦国里，郑国是比较富裕强盛的。五霸未兴之时，郑庄公东征西讨，连连获胜，甚至打败过周桓王率领的联军，被史家称为"小霸"。公元前548年，郑子展、子产曾率兵车七百辆伐陈[2]，有关学者估计其兵力总数不少于兵车千乘、士众四万人，相当于同时期晋国总兵力的四分之一[3]，可见郑国有一支不容忽视的军事力量。春秋时郑国常常抵御晋、楚等优势兵力的进攻，有时还取得过胜绩[4]。齐、晋、秦、楚虽然都没有足够的力量来吞并郑国，但如果能打败它，迫使它听从号令，利用郑国可观的兵力、财力，无

①（清）顾栋高：《春秋大事表》卷26《春秋齐楚争盟表》，第1951—1952页。
②《左传·襄公二十五年》。
③阎铸：《春秋时代的军事制度（上）》，《社会科学战线》1980年第2期。
④参见《左传·成公三年》《左传·成公七年》《左传·成公十六年》。

疑会在列强对抗的天平上为自己加上一颗重要的砝码，从而打破原有的平衡状态。反之，要是连郑国都征服不了，又怎么能战胜更强的大国对手来称霸天下呢？

综上所述，郑国不仅具有一定的经济、军事实力，而且处在东西、南北交通干线汇合的十字路口，又迫近王畿，因此具有很高的战略价值，成为列强图霸的必争之地。

三、郑国对盟主承担的义务

伐郑、争郑获胜的大国，即与它订立不平等盟约，强迫郑国承担各项义务，满足盟主的种种要求。通常包括：

（一）交纳贡赂

盟主向郑国勒索的财物，主要项目名为"职贡"，大约每年一次。顾颉刚对此考证道："晋自文公为侯伯后，凡从晋之国莫不向晋君纳其贡赋，一若西周诸国之对周王然；其多少之数则晋君规定之，晋官分征之，晋司马掌其事而接收之。"[①]楚国对从属诸侯也是如此。另外还有不时奉献的礼物，"纳币""纳赂"，包括玉帛、牲畜、甲兵、女乐、工匠、礼器等等，负担非常沉重。如《左传·襄公二十四年》载晋国"范宣子为政，诸侯之币重，郑人病之"。晋平公死，郑国被迫为新君送去厚礼，使用了百辆千人的庞大车队[②]。

---

① 顾颉刚：《史林杂识（初编）·职贡》，中华书局，1977年，第22页。
② 《左传·昭公十年》。

盟主对郑国贪得无厌地征敛，使其君臣发出"贡献无极，亡可待也"①的哀叹。

（二）调发兵马

列强在中原地区进行战争，往往要求郑国出兵助阵，以增强军力，取得优势。春秋时齐楚、晋楚之间的几次著名战役，如召陵之役、城濮之战、邲之战、鄢陵之战，郑国作为附庸都派兵参加了。据子产所称："不朝之间，无岁不聘，无役不从。"②有时甚至受盟主的差遣，单独出兵征伐敌国。如《左传·宣公二年》："郑公子归生受命于楚，伐宋。"《左传·襄公二年》："郑师侵宋，楚令也。"

（三）提供军旅、使团的过境费用

春秋时期大国争霸作战的费用开支是惊人的，《孙子·用间》说当时，"凡兴师十万，出征千里，百姓之费，公家之奉，日费千金；内外骚动，怠于道路，不得操事者七十万家"。而郑国位处中原要枢，屡屡被兵，不但人畜财舍要受死伤焚掠之祸，还要替过境的盟主国军队提供物资补给，"共其资粮扉屦"③。如齐桓公伐楚返国时路过陈、郑，两国大臣就因为劳军负担太重，而计议诱使齐师绕道东方回国，以减轻费用。"师出于陈、郑之间，国必甚病。若出

---

①《左传·昭公十三年》。
②《左传·襄公二十二年》。
③《左传·僖公四年》。

于东方，观兵于东夷，循海而归，其可也。"①但密谋泄漏，未能成功。此外，盟主派使臣到他国访问、交聘，路过郑国境内时，也要索取给养，亦成惯例。烛之武请降于秦时，即称："若舍郑以为东道主，行李之往来，共其乏困，君亦无所害。"②

（四）政治、外交受盟主操纵

郑国被迫订立的不平等盟约中，通常规定它必须绝对服从盟主的命令。例如公元前564年，晋率诸侯联军伐郑，强迫它立盟。誓辞曰："自今日既盟之后，郑国而不唯晋命是听，而或有异志者，有如此盟！"③郑国不得与盟主之敌国结盟，不得向其敌国纳贡朝聘，否则会再次受到征伐。盟主甚至有权力决定郑国储君的废立，执政大臣的任免，实际上完全操纵了郑国在政治、外交上的主权。

由此可见，建立从属关系以后，盟主能够从郑国那里得到经济、政治、军事、外交等方面的诸多好处，增强了对外扩张的实力，在争霸斗争中处于更为有利的地位。

四、列强为争夺、控制郑国而采取的策略、手段

春秋列强由于国力所限，既不能完全吞并郑国，也无法长期供养一支驻郑大军。通常情况下出师伐郑，迫使它结盟降服后就撤军

①《左传·僖公四年》。
②《左传·僖公三十年》。
③《左传·襄公九年》。

回国。敌国若来争郑，盟主要派兵救援。郑国如果背盟投敌，原来
的盟主再出动人马去征讨。这是列强为了争郑、保郑所采取的基本
手段。但是，郑国的外交原则是"唯强是从"①，照大臣子驷的话讲：
"敬共币帛，以待来者，小国之道也。牺牲、玉帛，待于二竟，以
待强者而庇民焉。"②实属朝晋暮楚，反复无常，"与大国盟，口血未
干而背之"③的事例常有发生。齐、晋、秦、楚四强的统治中心又分
别在胶莱平原、河东、关中和江汉平原，与郑远隔千里，又有山水
相阻，进军中原要耗费大量的人力、财力，若是频繁出师伐郑、救
郑，国家和民众都是难以承受的。再者，列强距郑较远，订盟后遇
到敌国来争，征发人马、筹集粮草均需时间，再跋涉千里相救，很
难及时赶到、逐退敌兵。往往时隔数月才姗姗来迟，而郑国早已叛
盟降敌了。另外，试观列强争郑的历史，双方全力相搏，以会战
胜负决定郑国归属的情况并不常见，只有少数几次，更多的则是相
峙、相避，小心翼翼地回避决战，如顾栋高所言："春秋时，晋、楚
之大战三，曰城濮，曰邲，曰鄢陵，其余偏师凡十余遇，非晋避楚
则楚避晋，未尝连兵苦战如秦晋、吴楚之相报复无已也。其用兵尝
以争陈、郑与国，未尝攻城入邑，如晋取少梁、秦取北征之必略其
地以相当也。何则？晋、楚势处辽远，地非犬牙相辕，其兴师必连
大众，乞师于诸侯，动必数月而后集事。故其战尝不数，战则动关

①《左传·襄公九年》。
②《左传·襄公八年》。
③《左传·襄公九年》。

天下之向背。"①因为中原会战对全国的政治形势有着极其重要的影响，争霸双方又势均力敌，没有必胜的把握，害怕承担决战失败的巨大风险，所以非到万不得已，不愿意对阵厮杀。鉴于以上原因，列强为了减少兵员和物资的损失，免受往来奔波之苦，在正面运动作战之外，还分别采用了其他策略与斗争手段来控制郑国、挫败对手。例如：

（一）在都城留驻监控军队

西周王室曾对被征服的畿外诸侯派遣官兵，进行监控，防其反叛，如武王灭商后置管叔等"三监"。春秋时列强对属国、属邑有时也实施这种制度，如楚占领齐地谷邑，置傀偏公子雍为君，留申公叔侯领兵监戍②。楚取宋邑彭城，置宋国叛臣鱼石等，又派甲兵三百乘监戍③。公元前630年，郑国降秦后，秦穆公亦留杞子、逢孙、杨孙三大夫率领军队驻郑，"掌其北门之管"④，接管了都城北门的防务，给养由郑国负担⑤。从后果来看，对郑国采取监戍并不成功。盟主驻军若多，郑国供养不起；兵马若少，又起不到威慑镇服的作用。郑国兵车千乘，也有相当实力，一旦反目为仇，兵戈相见，少数外国驻军不是对手。所以当郑穆公向秦将杞子等下逐客令后，他

---

① （清）顾栋高：《春秋大事表》卷32《春秋晋楚交兵表·叙》，第2054页。
②《左传·僖公二十六年》。
③《左传·成公十八年》。
④《左传·僖公三十二年》。
⑤《左传·僖公三十三年》郑皇武子谓秦将："吾子淹久于敝邑，唯是脯资，饩牵竭矣……"

们只好逃之夭夭。参与争郑活动历时最久的齐、晋、楚三国，都没有采用这种做法。

（二）在郑国统治集团中清除异己、扶植傀儡、扣押人质

列强为了操纵郑国，根据其君臣的政治倾向，对他们分别采取打击或扶植措施。如公元前654年齐师伐郑，曾迫使郑国处死大夫申侯[1]。公元前630年晋师伐郑，逼郑伯杀掉大臣叔詹，改立亲晋的公子兰为太子[2]。公元前606年楚国对郑公子士不满，下毒将他暗害[3]。另外，有时还拘留郑国君臣为人质，以此为要挟，来保证盟约的执行[4]。不过，由于郑国的对外政策是择强而从，不管什么人当政，是否提供人质，做决策时还是要看列强的实力对比和郑国的利益需要，来决定留在哪个阵营。上述的几种手段也没有取得明显的效果。

（三）占据郑国边境要冲，筑城戍守

公元前561年，晋国率诸侯之师伐郑后，在虎牢（今河南省荥阳市汜水镇）筑城戍守。《左传·襄公十年》："诸侯之师城虎牢而戍之。晋师城梧及制，士鲂、魏绛戍之。"杨伯峻注："梧当在虎牢附

---

① 参见《左传·僖公七年》。
② 参见《左传·僖公三十年》，《史记》卷42《郑世家》。
③ 参见《左传·宣公三年》。
④ 参见《左传·宣公十二年》《左传·成公九年》《左传·成公十年》。

近。制即虎牢，晋又为小城，以屯兵及粮食武器。"①虎牢北临黄河，南侧山岭绵延，岗峦高峻，难以筑路通行，其旋门关至板渚数十里长的路段为东西交通干线的咽喉。晋军占领这一战略要地，可以守住豫西走廊的门户。楚军若来争郑，晋国能够以逸待劳，随时从这里发兵反击，不用再于河东兴师动众，跋山涉水进入中原。另外，虎牢距郑都新郑不远，皆为坦途，在此驻军即形成威慑，将郑国统治中心置于控制范围之内，使它不会轻易背盟投敌。顾栋高称赞晋国此举："戍虎牢者，所以保郑，非以争郑也。郑未尝不愿服于晋，特虑为楚所扰，故欲两事以苟免，其心盖不得已。戍之则郑在晋之宇下，楚不敢北向以争郑，以郑屏楚，而东诸侯始得晏然。攘楚以安中夏，其计无出于此。"②

楚国也采取了相应的对策，据《左传·昭公元年》记载："楚公子围使公子黑肱、伯州犁城犫、栎、郏。郑人惧。"这三个聚邑本属郑国，分别在今河南省鲁山县东南、禹州市和郏县，位于楚国方城隘口北通郑都新郑的路上。于此地筑城戍守，能够作为拱卫方城通道的外围据点，抵御北方诸侯的入侵。更为重要的是，它们成为楚军北上中原的前哨基地，摆出随时可以长驱直入郑国腹地的态势，使郑国南境门户洞开，经常受到三城驻军的威胁，所以引起了其君臣的恐惧。

晋国占据豫北之南阳与虎牢等地后，进兵中原要比楚国方便得

①杨伯峻:《春秋左传注》，第981页。
②（清）顾栋高:《春秋大事表》卷28《春秋晋楚争盟表·晋悼公论》，第2026页。

多，距离郑、宋、卫等国很近，控御诸侯的能力明显增强了。楚国深切地感到自己在这方面的劣势，从而不断努力，将边境军事据点向北推移，于方城之外修筑大城，敛赋聚兵，借此来扭转不利的局面。如楚灵王对臣下说："昔诸侯远我而畏晋，今我大城陈、蔡、不羹，赋皆千乘，子与有劳焉，诸侯其畏我乎？"①《左传·昭公十九年》亦载："费无极言于楚子曰：'晋之伯也，迩于诸夏，而楚辟陋，故弗能与争。若大城城父，而置大子焉，以通北方。王收南方，是得天下也。'王说，从之。故大子建居于城父。"据勘查，不羹有东西两城，西城在河南省襄城县东，东城在河南省舞阳县北，城父故城在河南省宝丰县东②，俱在方城以北，濒临郑境，也起到镇慑中原诸侯的作用。

（四）分兵轮番伐郑，以疲惫敌军

公元前564年，晋国会合齐、鲁、宋、卫等诸侯联军伐郑，楚军未能及时救援，郑国被迫求和。晋国将领荀偃建议暂不撤军，继续围郑，待楚军来救时与之决战，否则郑国事后又会背盟投楚。但是，"诸侯皆不欲战"③，晋军统帅荀罃认为战无必胜把握，不如与郑结盟后退兵，诱楚来争，再把诸侯联军分为三部，轮流伐郑，使敌人疲于奔命。这样，"于我未病，楚不能矣"④。此计确定后，晋师回

---

①《左传·昭公十二年》。
②尚景熙：《楚方城及其与楚国的军事关系》，《中原文物》1992年第2期。
③《左传·襄公九年》。
④《左传·襄公九年》。

国，楚军来争时郑国果然再次投降。于是以晋为首的诸侯联军在公元前563—前562年内三次伐郑，楚军则两次被动进军救援，又找不到作战机会，因而士卒疲惫，人力、财力大受损耗。公元前562年九月，晋郑再次订盟；十二月，华夏诸侯在郑地萧鱼（今河南省原阳县东）举行大会，奉晋悼公为盟主。楚国元气大伤，无力北上争霸，只好听任郑国附晋，不再出兵竞夺。史载晋"三驾而楚不能与争"①。荀罃"不战而屈人之兵"的策略获得了完全成功。此后直到"弭兵之会"，南北只好立盟休战，郑国再未叛晋。

（五）联合敌国的强邻，共同打击对手

长期争郑的晋、楚两国没有共同疆界，交兵需要远涉千里。无力牵制和削弱对手，它们一方面在中原角逐，进行直接的军事对抗；另一方面，又分别施展外交手段，拉拢和敌国接壤的强邻，结成联盟，利用其兵力袭扰对方的侧翼。

城濮之战时，晋与齐、秦等国联合抗楚，取得胜利。而殽之战后，秦、晋交恶，联盟瓦解，楚国则迅速利用了这种形势，化敌为友，与秦国结盟修好，"绊以婚姻，袗以斋盟"②，并发誓世世代代永远不再相攻，"叶（亿）万子孙毋为不利"③。此后秦军不断侵扰晋境，两国在河曲厮杀不已。楚国则全力北伐，反复攻郑。晋国兵力

①《左传·襄公九年》。
②姜亮夫：《秦诅楚文考释——兼释亚驼、大沈久湫两辞》，《兰州大学学报（社会科学版）》1980年第4期。
③姜亮夫：《秦诅楚文考释——兼释亚驼、大沈久湫两辞》，《兰州大学学报（社会科学版）》1980年第4期。

分散，顾此失彼，结果连连失败。至公元前594年，楚师围困三月，终于攻克郑国都城，又在邲之战中打败晋军，成为诸侯霸主。

事后晋国吸取教训，亦以其人之道，还治其人之身。晋景公听从楚国降将巫臣的建议，派他出使吴国，教练吴军射箭、御马驾车、布置战阵的军事技术，鼓动吴国袭扰楚境。自公元前584年吴师伐巢、徐、州来，楚将"子重自郑奔命"①，奔救不暇，一岁曾往返七次。此后，"楚之边鄙无岁不有吴师"②。在双方的交锋中楚国负多胜少，已然处于劣势，再没有足够的力量北进中原、控制郑国。郑最终留在以晋为首的华夏诸侯阵营，而没有像陈、蔡那样被楚吞并，也是由于晋国"联吴制楚"外交斗争的成功。如顾栋高所言："晋悼之世，楚不敢北向争郑，中国得以安枕者，通吴之力也。"③

五、春秋后期争郑战事的沉寂

公元前546年，列国代表在宋举行"弭兵之会"，承认晋、楚两国平分霸权，郑国和其他中小诸侯一样，"晋、楚之从交相见"④，轮流向两国朝聘纳贡。以后百余年间，中原的政治局势基本缓和，郑国也摆脱了屡受列强征伐的困境。其中主要原因是各大国内部矛盾激化，无力再为争郑投入重兵进行角逐。晋、齐等国的旧贵族日趋

---

①《左传·成公七年》。
②（清）高士奇：《左传记事本末》卷49《吴通上国》。
③（清）顾栋高：《春秋大事表》卷26《春秋齐楚争盟表》，第1964页。
④《左传·襄公二十七年》。

没落，人民不堪忍受其腐朽统治，进行激烈反抗；以六卿、田氏为代表的新兴地主阶级乘机展开了夺权斗争，社会动荡加剧。楚国政治也非常腐败，奸佞掌权，谗害忠良，盘剥百姓，"民之羸馁，日已甚矣。四境盈垒，道殣相望"①。随着楚国势力的衰落，其南方霸主的地位逐渐被吴国取代。公元前506年，吴军在柏举之役后五战五胜，直取郢都，楚昭王奔随以避。两年后，"吴复伐楚，取番；楚恐，去郢，北徙都鄀"②。面对吴军咄咄逼人的攻势，楚国仅得自保，没有余力北伐中原，恢复旧日的霸业。据《左传·哀公十六年》记载，白公胜曾请求楚令尹子西出兵伐郑，子西认为楚国丧乱之后力量尚未恢复，不宜劳师动众，只得拒绝了这个建议，遗憾地说："楚未节也，不然，吾不忘也。"

春秋末期称雄东南的吴、越两国，主要是向其北方扩张，与齐、鲁等国发生冲突，争夺对苏北、皖北和鲁南地区的控制，它们的势力范围和政治影响也未能波及郑国。综上所述，春秋末叶的百余年里，郑国不再是诸侯争夺的热点区域，往日列强大军云集、对峙厮杀的景象一去不返。直到战国以降，韩、魏南渡黄河，侵入中原，才敲响了郑国灭亡的丧钟。

---

①《国语》卷18《楚语下》。
②《史记》卷40《楚世家》。

战 国 篇

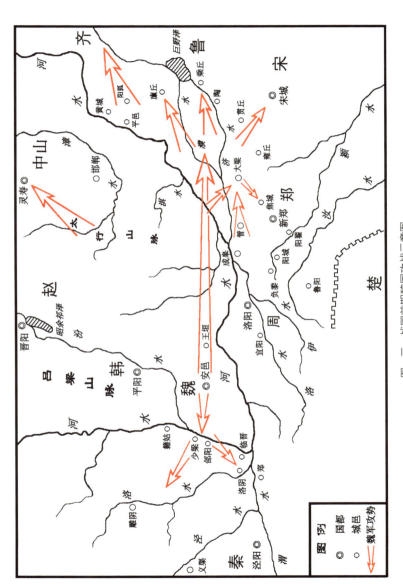

图一三 战国前期魏国攻战示意图

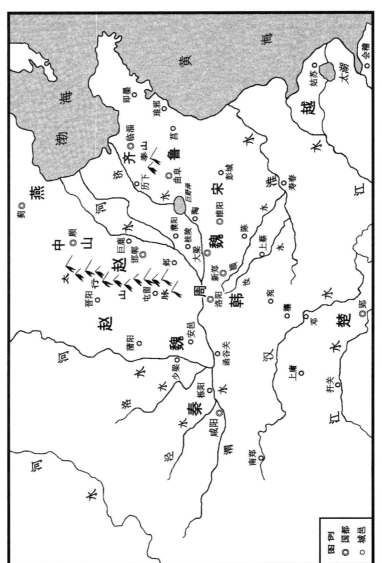

图一四 战国中期形势示意图

图例
◎ 国都
○ 城邑

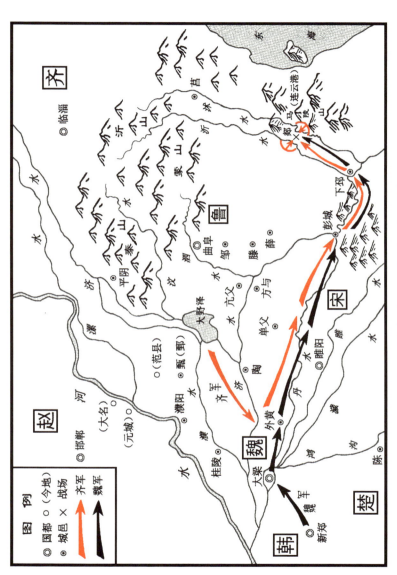

图一五 齐魏马陵之战（公元前343年）示意图

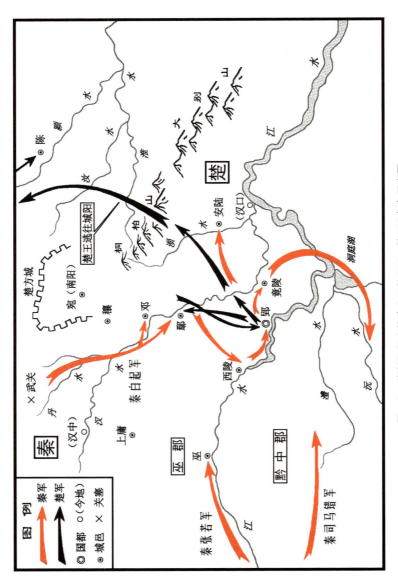

图一六　秦楚鄢郢之战（公元前279—前278年）示意图

图　例

秦军
楚军
◎ 国都　〇（今地）
◉ 城邑　× 关塞

秦
楚

楚方城
宛（南阳）
襄
邓
鄢
郢
西陵
竟陵
安陵
（汉口）
陈
柏
桐
汝
淮
别
山
六
大
山
沔
洞庭湖
武关
× 武关
上庸
（汉中）
巫
巫郡
黔中郡
澧
沅
江
江
颍 水
水
水
水
水
丹 水
汉 水
水
水
水

秦白起军
秦司马错军
秦张若军
秦蜀若军

楚王逃往城阳

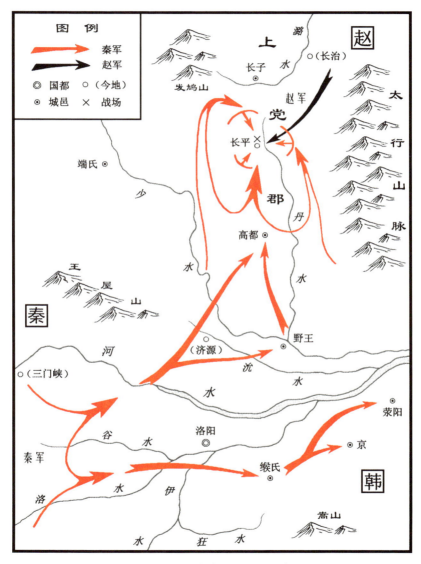

图一七　秦赵长平之战（公元前260年）示意图

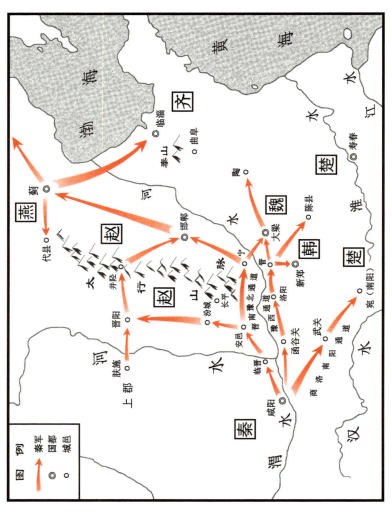

图一八　秦进军豫西通道和晋南豫北通道进攻六国示意图

魏在战国前期的地理特征与作战方略

公元前453年，赵、魏、韩三家灭掉执政的智氏，瓜分了晋国的绝大部分领土，成为战国前期政治舞台上最为活跃的新兴势力。它们一改春秋末叶晋国衰弱不振的颓势，迅速向四邻扩张，其中魏国作为三晋联盟的领袖，变法图强，频频击败秦、齐、楚等大国，广略疆土。沿至惠王时，他迁都大梁，战功显赫，邻近诸侯多来听命，甚至"乘夏车，称夏王，朝为天子，天下皆从"①，登上盟主的宝座，使魏国的霸业升到顶点。但是不久后它便在对外战争中连连告负，致使国势一蹶不振，退居二流，被迫充当齐、秦等强国的附庸，不再扮演主角。其崛起和暴跌的原因，前人有所分析，笔者则试从地理角度来探讨一下魏国作战方略的形成背景和得失成败。

一、三家分晋后的魏国疆域及其主要特征

魏氏为姬姓，其祖系周文王之子，名高。武王伐纣，建立周

---

① 《战国策·秦策四》。

朝后，分封姬高于毕（今陕西省西安市长安区附近），后代沦为庶民[①]。春秋时毕万从晋献公征伐有功，受封于魏（今山西省芮城县），为大夫，便以邑名为氏。至魏悼子时徙封于霍（今山西省霍州市），其子魏绛为晋悼公名臣，曾徙治安邑（今山西省夏县），此后直到战国初年再未迁都。

　　春秋后期，晋国已从汾浍流域的百里之地发展为北方首屈一指的大邦，跨有太行山脉两侧，并在黄河西岸、南岸占据了若干领土，作为防御秦、楚的外围屏障，"自西及东，延袤二千余里"[②]。三家分晋时，赵多得其北，韩获其南，魏氏则占有其中部地域，主要疆土可分为四处。清儒程恩泽《国策地名考》引管同曰："魏地兼有河东、河西、河内、河外。约言之，龙门以东，据汾为河东，今汾、蒲、吉、解诸府州是。龙门以西为河西，今同、鄜等州是。太行之南，殷墟为河内，今彰德、卫辉、怀庆等府是。太华之东，虢略为河外，今陕州是。"[③]下面予以详述：

（一）河东

　　其领土主体在今山西省西南部的运城盆地，以都城安邑为中心，西及南境面临黄河河曲，东至垣曲与韩相邻，北接晋君保有的

---

①《史记》卷44《魏世家》："武王之伐纣，而高封于毕，于是为毕姓。其后绝祀，为庶人，或在中国，或在夷狄。"

②（清）顾栋高：《春秋大事表》卷4《春秋列国疆域表·晋疆域表·案》，第517页。

③（清）程恩泽：《国策地名考》卷10《魏·上》，《丛书集成初编》第3052册，第171—172页。

领地——故都新田、绛、曲沃（今山西省绛县、闻喜、翼城、曲沃等县，后三家灭绝晋祀，其地多入于魏）①。西北越过汾水，沿黄河东岸北上，又有北屈、蒲阳、燱（今山西省吉县、隰县、蒲县、大宁及霍县等地），与赵、韩领土接壤。

河东是魏国诸部中面积最大的一块，土沃水丰，物产富饶，又有河山环绕，利于阻滞敌人的进攻，顾祖禹称其"东连上党，西略黄河，南通汴、洛，北阻晋阳，宰孔所云'景霍以为城，汾、河、涑、浍以为渊'，而子犯所谓'表里河山'者也"②。《战国策·魏策一》亦载："魏武侯与诸大夫浮于西河，称曰：'河山之险，岂不亦信固哉？'王钟侍王曰：'此晋国之所以强也！若善修之，则霸王之业具矣。'"河东在春秋时便是晋国的经济、政治重心。战国时期，人们仍然习惯称魏都安邑所在的河东地区为"晋国"③，或称魏为"晋国"④，魏也自视为春秋晋之霸业的后继者。

---

① 《史记》卷39《晋世家》："幽公之时，晋畏，反朝韩、赵、魏之君。独有绛、曲沃，余皆入三晋。"
② （清）顾祖禹：《读史方舆纪要》卷41《山西三》，第1872页。
③ 《战国策·赵策一》："且夫说士之计，皆曰韩亡三川，魏灭晋国，恃韩未穷，而祸及于赵。"鲍彪注："晋国，谓安邑。"
④ 参见《孟子·梁惠王上》："晋国，天下莫强焉，叟之所知也。"（清）刘宝楠《愈愚录》卷4《晋国》曰："《孟子》，梁惠王自称'晋国'。魏人周霄亦自称'晋国'。案战国时晋地多入魏，故其称'晋国'也。"（清）程恩泽《国策地名考》卷10《魏·上》："案《元和志》，晋迁新田，今平阳绛邑县也，战国时属魏。邵晋涵曰：三家分晋，魏得晋之故都，故独称晋国。"第172页。

（二）河内

位于今豫北冀南的狭长地带，北邻赵境，东抵齐界，南临黄河与郑、卫接壤。据钟凤年考证，该地"在河以北，西从济源、孟、温、武陟、修武、获嘉、新乡、辉、汲、淇、濬、内黄、临漳为'河内'"。"并涉有河北之大名、广平，山东之冠县"①。河内可分为两部分，西部为晋之南阳，即今河南省焦作、新乡地区，因在太行山脉南麓、黄河北岸而得名②。原属周朝王畿，公元前635年，晋文公出师勤王，天子"与之阳樊、温、原、攒茅之田，晋于是始启南阳"③。其治所在修武，《水经注》卷9《清水》曰："修武，故宁也，亦曰南阳矣。马季长曰：晋地自朝歌以北至中山为东阳，朝歌以南至轵为南阳，故应劭《地理风俗记》云：河内，殷国也，周名之为南阳。又曰：晋始启南阳。今南阳城是也。"道光《修武县志》亦云："春秋南阳城在县北三十里，又名安阳城。"④战国时南阳入魏，秦昭王三十六年，"魏入南阳以和"⑤。《史记集解》引徐广曰："河内修武，古曰南阳，秦始皇更名河内，属魏地。"

东部在太行山脉南端的东麓，包括今河南省安阳地区与河北省邯郸以南的魏县、临漳、大名、广平等县。该地为商朝故都近畿，

---

①钟凤年：《〈战国疆域变迁考〉序例》，《禹贡》第六卷第十期。

②《左传·僖公二十五年》。

③《左传·僖公二十五年》杜预注："在晋山南河北，故曰南阳。"

④（清）冯继照修，金皋、袁俊纂：《修武县志（道光二十年）》卷2《舆地志中》。

⑤《史记》卷5《秦本纪》。

春秋时属卫国，后转入晋。"（卫）懿公亡道，为狄所灭。齐桓公帅诸侯伐狄，而更封卫于河南曹、楚丘，是为文公。而河内殷虚，更属于晋。"①

　　河内的著名城市为邺（今河北省临漳县），曾作为魏文侯的封邑和魏武侯的别都②，任贤臣西门豹为令，多有治绩。此外还有共（今河南省辉县），是发现魏国墓群的集中地点之一，其中1950年以来发掘的固围1、2、3号墓，在已知的魏国墓葬中规格最高，被认为是王室的异穴合葬墓③。汲县在西晋时发现过魏国王墓，出土有大量竹简及钟磬、玉器、铜剑，古书称为"汲冢"。二十世纪三十年代汲县山彪镇亦发掘出战国前期的魏国大墓，有随葬的车马，仅青铜器一项就有1447件之多，包括五件一组的列鼎④。

（三）河西

　　指魏国在晋陕交界之黄河河段西岸的若干领土，司马迁曰："（赵氏）其后既与韩、魏共灭智伯，分晋地而有之，则赵有代、句注之北，魏有河西、上郡，以与戎界边。"⑤魏之河西亦可分为南北两部。北为上郡，在今陕西省延安地区；南部在渭水以北的少梁等

①《汉书》卷28下《地理志下》。

②《水经注》卷10《浊漳水》："（邺）本齐桓公所置也，故《管子》曰：筑五鹿、中牟、邺，以卫诸夏也。后属晋，魏文侯七年，始封此地，故曰魏也。"《汉书》卷28上《地理志上》魏郡魏县注引应劭曰："魏武侯别都。"

③中国社会科学院考古研究所：《新中国的考古发现和研究》，文物出版社，1984年，第292页。

④李学勤：《东周与秦代文明》，文物出版社，1984年，第54—55页。

⑤《史记》卷110《匈奴列传》。

地（今陕西省韩城市附近）。战国初年，魏建立上郡、西河两个行
政区域，设守治理。如名将吴起曾任西河守，李悝曾任上郡（或作
"上地"）守①。

　　春秋前期，晋献公兼并邻邦，广拓疆土，为了阻止秦人东进，
不仅占据崤函之险，并且越过黄河，在西岸建立了若干据点，构筑
城池以保护几处渡口。司马迁曰："当此时，晋强，西有河西，与
秦接境，北边翟，东至河内。"②秦穆公扶立晋惠公时，曾要求取得
河西之地作为报酬，而后者深知该地的重要性，不惜在返国后食言
拒绝。"惠公夷吾元年，使邳郑谢秦曰：'始夷吾以河西地许君，今
幸得入立，大臣曰：地者先君之地，君亡在外，何以得擅许秦者？
寡人争之弗能得，故谢秦。'"③公元前645年，秦师伐晋，兵至韩原
（今陕西省韩城市），尚未东渡黄河，晋惠公居然说："寇深矣，若之
何？"④顾栋高就此评论道："可见晋之幅员广远，斗入陕西内地，不
始于文公时。此亦可为秦、晋疆域之一证也。"⑤自崤之战后，秦晋
两国干戈日兴，河西城池成为双方争夺的重点，晋挟诸侯之师，占
有上风⑥。

----

①参见《韩非子·内储说上》《韩非子·外储说左上》。
②《史记》卷39《晋世家》。
③《史记》卷39《晋世家》。
④《左传·僖公十五年》。
⑤（清）顾栋高：《春秋大事表》卷4《春秋列国疆域表·秦疆域论》，第
　　541页。
⑥《左传·文公二年》："冬，晋先且居、宋公子成、陈辕选、郑公子归生伐
　　秦，取汪，及彭衙而还。"两地在今陕西省白水、澄城县境。《左传·文公
　　十年》："春，晋人伐秦，取少梁。"

另外，晋国在文公时出兵驱逐白狄，占领了陕北部分地区，便是后来的上郡。"当是之时，秦晋为强国，晋文公攘戎翟，居于河西圁、洛之间。"①《史记集解》引徐广曰："圁在西河，音银。洛在上郡、冯翊间。"《春秋大事表》亦曰："后晋文公初伯，攘白翟，开西河，魏得之为西河、上郡。白翟之地，为今陕西延安府，东去山西黄河界四百五十里。"②《史记》卷44《魏世家》载襄王五年，"秦败我龙贾军四万五千于雕阴"。《史记集解》引徐广曰："在上郡。"《史记正义》引《括地志》云："雕阴故县在鄜州洛交县北三十里，雕阴故城是也。"其地在今陕西省甘泉县南。

（四）河外

魏在黄河河曲、渭水以南的领土。广义的"河外"包括河南与河西地区，而狭义的"河外"仅指今豫陕交界地域，西至华阴，东抵陕县，南达上洛。如《左传·僖公十五年》曰："赂秦伯以河外列城五，东尽虢略，南及华山。"杜预注："河外，河南也。东尽虢略，从河南而东尽虢界也。"杨伯峻注："今河南省灵宝县治即旧虢略镇。""华山为秦、晋之界"③。《史记》卷5《秦本纪》曰："魏将无忌率五国兵击秦，秦却于河外。"《史记正义》注："河外，陕、华二州也。"同书卷69《苏秦列传》曰："秦攻赵，则韩军宜阳，楚军武

---

①《史记》卷110《匈奴列传》。
②（清）顾栋高：《春秋大事表》卷4《春秋列国疆域表·秦疆域论》，第541页。
③杨伯峻：《春秋左传注》，第352页。

关，魏军河外。"《史记索隐》："河外，谓陕及曲沃等处也。"

晋国初兴时，献公曾假道于虞，出师袭灭虢国，控制了豫西通道西段。虢国所在的陕地（今河南省三门峡市），西周时即被看作是天下之中，王畿以此分界，"自陕以西，召公主之；自陕以东，周公主之"①。该地北临黄河，南据崤函，扼守关中通往豫东平原的要途，地理位置非常重要。公元前614年，"晋侯使詹嘉处瑕，以守桃林之塞"②。杨伯峻注："桃林塞在今河南省灵宝县阌乡以西，接陕西潼关界。瑕在今山西省芮城南，与桃林隔河相对，故处瑕即可守桃林，以遏秦师之东向。"③此外，还有陕地附近的焦和曲沃，《括地志》云："焦城在陕州城内东北百步，因焦水为名，周同姓所封，《左传》云虞、虢、焦、滑、霍、阳、韩、魏皆姬姓也。"又曰："曲沃在陕州陕县西南三十二里，因曲沃水为名。"张守节按："焦、曲沃二城相近，本魏地。"④

魏之河外还有陕城以东、以南的"阴地"，原属晋国。《左传·哀公四年》载楚袭蛮氏，"蛮子赤奔晋阴地"。杜预注："阴地，河南山北，自上洛以东至陆浑。"《左传·宣公二年》亦云："秦师伐晋，以报崇也，遂围焦。夏，晋赵盾救焦，遂自阴地，及诸侯之师侵郑。"杨伯峻注："阴地，据杜注，其地甚广，自河南省陕县至嵩县凡在黄河以南、秦岭山脉以北者皆是。此广义之阴地也。然亦

---

①《史记》卷34《燕召公世家》。
②《左传·文公十三年》。
③杨伯峻：《春秋左传注》，第594页。
④《史记》卷5《秦本纪·正义》引《括地志》。

有成所，成所亦名阴地，哀四年'蛮子赤奔晋阴地'，又'使谓阴地之命大夫士蔑'是也。今河南省卢氏县东北，旧有阴地城，当是其地。此狭义之阴地也。"[1]该地西南伸入陕南商洛地区，见《竹书纪年》："晋烈公三年（笔者按：魏文侯三十三年），楚人伐我南鄙，至于上洛。"[2]

晋国曾把河外的西界推至华山之北，设立武城，用来保护豫西通道的出口，秦与晋、魏曾反复争夺该地，《读史方舆纪要》卷54《陕西三》曰："华州，周畿内地，郑始封邑也。后属于晋。战国为秦、魏二国之境。"又云："武城，《括地志》：'故城在郑县东北十三里。《左传》文八年：秦伐晋，取武城。'《史记》：'秦康公二年伐晋，取武城，以报令狐之役。'又秦厉公二十一年，晋取武城。魏文侯三十八年伐秦，败我武下，即武城下也。"[3]

在上述四个地区之外，魏在今山西省东南部的上党还有一些领土，参见：

《战国策·秦策二》：

秦有安邑，则韩、魏必无上党哉。

《战国策·赵策一》：

---

[1]杨伯峻：《春秋左传注》，第654—655页。

[2]（宋）乐史撰，王文楚等点校：《太平寰宇记》卷141《山南西道九·商州》引《竹书纪年》，第2734—2735页。

[3]（清）顾祖禹：《读史方舆纪要》卷54《陕西三》，第2582页，第2583页。

秦尽韩、魏之上党，则地与国都邦属而壤挈者七百里。

《战国策·西周策》：

犀武败于伊阙，周君之魏求救，魏王以上党之急辞之……（綦母恢对魏王曰）："秦悉塞外之兵与周之众以攻南阳，而两上党绝。"（吴师道注："是时魏上党被兵，若周、秦攻南阳，则魏又当御其攻，而上党必绝。"）（顾祖禹曰："上党跨韩、魏两境，故曰两上党。"）①

《史记》卷44《魏世家》：

今魏螯得王错，挟上党，固半国也。

《史记正义·赵世家》：

秦上党郡，今泽、潞、仪、沁等四州之地，兼相州之半，韩总有之。至七国时，赵得仪、沁二州之地，韩犹有潞州及泽州之半，半属赵、魏。

《史记》卷43《赵世家》：

---

① （清）顾祖禹：《读史方舆纪要》卷49《河南四》，第2285页。

秦废帝请服，反高平、根柔于魏。(《史记正义》曰："返，还也。《括地志》云'高平故城在怀州河阳县西四十里。《纪年》云魏哀王改向曰高平也。'")

出土魏国布币文字又有"高都"，地在山西省晋城市东北。**魏在晋东南占地甚少，周围与韩境相邻，其地理位置处于河东与河内之间。战国初年，联系两地的太行要径——轵道尚在韩人手中，来往不得自由。**

三家分晋时，赵氏因在消灭智氏的战争中牺牲惨重，贡献最大，故所获领土较多。如《战国策·赵策一》载"昔者知氏之地，赵氏分则多十城"。魏国疆域虽不如赵之广袤，但是具有很多有利条件，例如：

1. 资源丰足。韩、赵两家的领土，总的来说较为贫瘠，物产欠乏。如司马迁曰："赵、中山地薄人众。"[1]张仪则称："韩地险恶山居，五谷所生，非麦而豆；民之所食，大抵豆饭藿羹；一岁不收，民不厌糟糠。地方不满九百里，无二岁之所食。"[2]而魏国的情况有所不同，河东所在的运城盆地土壤肥沃，并有涑、浍、汾诸水的灌溉，利于农作物的垦殖。战国初年，李悝为相，推行"尽地力之教"[3]，发展精耕细作，提高土地的利用率和单位面积产量，遂使国家富强。

---

①《史记》卷129《货殖列传》。
②《战国策·韩策一》。
③《史记》卷74《孟子荀卿列传》。

魏国东部的河内，背依太行山麓，有淇水、洹水、漳水的溉注。当地土壤中含有盐碱，即所谓"斥卤之地"，《尚书·禹贡》称其为"白壤"，本来是不利于垦种的。但在战国时期，由于铁工具的普遍推广，为水利事业的开发提供了条件。魏国先后任西门豹、史起为邺令，开凿灌渠，治理洪患，并引水冲洗土壤中的盐分，促成了河内的农业繁荣①；甚至在河东受灾时，能够向其支援余粮，并接受那里的移民②。

魏国还蕴藏着丰富的矿产资源，"河东土地平易，有盐铁之饶"③。著名的盐池在魏都安邑之南，"长五十一里，广六里，周一百一十四里……紫色澄渟，浑而不流，水出石盐，自然凝成，朝取夕复，终无减损。……又有女盐池，在解州西北三里，东西二十五里，南北二十里，其西南为静林等涧。服虔曰：'土人引水沃畦，水耗土自成盐处也'"④。《左传·成公六年》载晋国朝议迁都时，"诸大夫皆曰：'必居郇、瑕氏之地，沃饶而近盬，国利民乐，不可失也。'"杨伯峻注："盬即盐池，今曰解池。《穆天子传》'至于盬'，《说文》'盬，河东盐池'，均可以为证。"⑤河东盐池储量巨大，加工程序简

---

① 《史记》卷126《滑稽列传》："西门豹即发民凿十二渠，引河水灌民田，田皆溉……至今皆得水利，民人以给足富。"《汉书》卷29《沟洫志》："……于是以史起为邺令，遂引漳水溉邺，以富魏之河内。民歌之曰：'邺有贤令兮为史公，决漳水兮灌邺旁，终古舄卤兮生稻粱。'"

② 《孟子·梁惠王上》载惠王曰："寡人之于国也，尽心焉耳已。河内凶，则移其民于河东，移其粟于河内。河东凶亦然……"

③ 《汉书》卷28下《地理志下》。

④ （清）顾祖禹：《读史方舆纪要》卷39《山西一》，第1792—1793页。

⑤ 杨伯峻：《春秋左传注》，第828页。

单方便，是当时内陆最大的产盐地，有着广阔的销售市场。司马迁称"山东食海盐，山西食盐卤"①。后者主要指的是河东盐池所产的硝盐，它给魏国带来的利润是非常可观的。

河东的铜矿资源在北方亦有名声，据成书于战国时期的《山海经》记载，天下产铜之山共有29处。经郝懿行《山海经笺疏》和吴任臣《山海经广注》研究，在河东者有两处，即今山西省平陆县境的阳山和垣曲县的鼓镫之山②。另外，1958年，考古工作者在山西省运城市的洞沟还发现了一座古代铜矿遗迹。据分析，其开采的历史可从先秦延续到东汉③。河东又"有盐铁之饶"，南部的中条山脉是我国北方冶铁的发源地之一④。较为丰富的铁矿储量，使魏国得以开采冶炼，促进其经济的发展。魏都安邑所在的故地——山西省夏县曾发现过大批战国时期冶铜的陶范，以及不少战国前期的铁工具，表明当地金属铸造业的发达。后来西汉政府在安邑、绛、皮氏等地设置铁官，就是对前代魏、秦铁官的继承经营。

河东等地的沃饶，为魏国早期的对外征伐提供了充足的兵员劳力和粮草财赋，奠定了其霸业兴盛的经济基础。

2. 交通便利。 魏国的地理位置处于中国大陆的核心，水道旱

①《史记》卷129《货殖列传》。

②史念海：《河山集》，第86页注②。

③安志敏、陈存洗：《山西运城洞沟的东汉铜矿和题记》，《考古》1962年第10期。

④郭声波：《历代黄河流域铁冶点的地理布局及其演变》："据研究，最初的铁冶脱胎于铜冶，故而先秦的铁铜共生矿带如秦岭北缘、中条山、太行山、桐柏山、鲁山，都是铁冶的发轫地。"《陕西师大学报》（哲学社会科学版）1984年第3期。

路四通八达，和其他地域的往来十分方便。魏国境内的汾水、涑水、浍水均可航行舟船，入河溯渭，沟通秦晋两地。魏都安邑处在几条道路交汇的中心，北过绛、平阳、晋阳，即可直达代北。东去垣曲，逾王屋山，穿过轵道，便进入华北平原。南由茅津（今山西省平陆县西南）或封陵（今山西省风陵渡）渡河，经豫西走廊东出崤函，就是号称"天下之中"的周都洛阳。西越桃林、华下，又能抵达关中平原。还可以从西境的岸门（今山西省河津市）、蒲坂（今山西省永济市）等地渡河入秦。交通条件的便利，不仅使魏国商旅荟萃，贸易发达，而且便于军队调遣，有助于向各个方向运动兵力。

3. **多据要枢**。魏国的疆土南北狭而东西长，多在黄河中游两岸，占据了许多关塞津渡，能够控制当时的几条主要交通干线，在军事上处在极为有利的位置。例如黄河自河曲折向东流，阻隔南北，为天下巨防，顾祖禹曾论述道："河南境内之川，莫大于河；而境内之险，亦莫重于河；境内之患，亦莫甚于河。盖自东而西，横亘几千五百里，其间可渡处约以数十计，而西有陕津，中有河阳，东有延津。自三代以后，未有百年无事者也。"[1]这里提到的最为重要的三处渡口——陕津、河阳（孟津）、延津，都在魏国的版图之内，它掌握着南北交通要道上的几座枢纽。

战国时期，联系东、西方（山东、山西）两大经济区域的陆路干线，主要有两条：

（1）豫西通道。从关中平原沿渭水南岸东行，过华阴，入桃

---

①（清）顾祖禹：《读史方舆纪要》卷46《河南一》，第2102—2103页。

林、崤函之塞，穿越豫西的丘陵山地，经洛阳、成皋、荥阳至管城（今河南省郑州市），到达豫东平原。由于魏国占领了豫西走廊的西段，并屯兵于号称"关中喉舌"[①]的华下，既保护了通道的出口，阻止秦人东进，又能威胁无险可守的泾渭平原，从而把握了作战的主动权。

（2）晋南豫北通道。由渭水北岸的临晋（今陕西省大荔县朝邑镇）东渡黄河，沿涑水东北行，穿越王屋山后，从轵（今河南省济源市西北）经过太行山南麓与黄河北岸之间的狭长走廊，便进入河内所在的冀南平原。走廊的西端为轵道，战国初年属韩，其东段的修武南阳归属魏国，《读史方舆纪要》称该地"南控虎牢之险，北倚太行之固，沁河东流，沇水西带，表里山、河，雄跨晋、卫，舟车都会，号称陆海"[②]。形势十分重要。而河内东部的安阳、邺地屏护延津，隔阻赵、齐，扼守南北要途，也具有极高的战略地位价值。顾祖禹称其为"西峙太行，东连河、济，形强势固，所以根本河北而襟带河南者也"[③]。

上述两条干线的几处关键路段被魏国所控制，给它在西方和东方的邻国——秦、齐、赵的兵力运动带来了很大困难，使它们无法将军队顺利投送到当时诸侯争夺的热点区域——中原地带。受制最为严重的要属秦国，顾栋高曾指出，春秋乃至战国前期，秦与晋、

①（清）顾祖禹：《读史方舆纪要》卷54《陕西三》："（华州）州前据华岳，后临泾、渭，左控桃林之塞，右阻蓝田之关，自昔为关中喉舌，用兵制胜者必出之地也。"第2583页。
②（清）顾祖禹：《读史方舆纪要》卷49《河南四》，第2284—2285页。
③（清）顾祖禹：《读史方舆纪要》卷16《北直七》大名府条，第696页。

魏交战虽互有胜负，"然终不能越河以东一步，盖有桃林以塞秦之门户，而河西之地复犬牙于秦之境内，秦之声息，晋无不知。二百年来秦人屏息而不敢出气者，以此故也"[①]。

魏国在战国初年能够迅速发展壮大，成为三晋领袖、诸侯盟主，除了政治、经济等方面的原因之外，其地理条件的积极影响，也是不容忽视的。但是，另一方面，魏国的领土状况也有不利因素，制约和局限了它的防御及扩张，详述如下：

其一，土狭民众。魏在战国之初的主要疆土——河东、河内，尽管农业发达，可是由于人口繁衍，居住密集，致使领域窄小，耕地面积相对不足，成为突出的社会矛盾。如司马迁所言："夫三河在天下之中，若鼎足，王者所更居也，建国各数百千岁，土地小狭，民人众。"[②]《商君书·徕民》亦称："秦之所与邻者，三晋也；所欲用兵者，韩魏也。彼土狭而民众，其宅参居而并处，其寡萌贾息，民上无通名，下无田宅，而恃奸务末作以处。人之复阴阳泽水者过半，此其土之不足以生其民也。"李悝在魏推行"尽地力之教"，就是企图利用有限的耕地资源，提倡精耕细作，来克服上述困难。再者，对魏国来说，急需要向外开疆拓土，像齐、秦、楚、越那样，成为地方千里乃至数千里的泱泱大国，从根本上解决问题。

其二，分割零散。魏在三家分晋后的疆土，除了河东地区较为完整外，其他各处面积不大，又受到黄河与中条、王屋、太行诸山及韩、赵、秦等国领土的分隔，显得支离破碎，相互间的来往联系

---

① （清）顾栋高：《春秋大事表》卷4《秦疆域论》，第541页。
② 《史记》卷129《货殖列传》。

多有不便，如河内、陕、华、西河、上郡等地，孤悬于河东本土之外，有山川相阻，且遭到强邻的严重威胁，处境险恶。钟凤年曾对此评论道："（魏国）诸部最大者为河东，跨今县二十三；余者，或微逾十县，或五六县，最小者不及三县。地势如此畸零，平时须逐处设备，一部告警，则征调困难，实不易于立国。"[①]魏国君臣面临的要务之一，就是急需将河东以外的各地拓展相连，借以巩固国防，保障安全。

二、从战国前期魏之用兵方向和次序分析其地缘战略

战国初年，魏国的疆域和人口有限，拥有的兵力并不充足[②]。因为领土分割零散，四处设防，占用了不少常备军队，能够集中起来投入进攻的大约只有五至七万人[③]。这个因素造成了当时魏国用兵的一些特点：

---

① 钟凤年：《〈战国疆域变迁考〉序例（续）》，《禹贡》第七卷第六、七合期。

② 春秋后期晋国的兵力，据《左传·昭公十三年》载平丘之会，晋"治兵于邾南，甲车四千乘"。按《左传·成公元年正义》引《司马法》："长毂一乘，马四匹，牛十二头，甲士三人，步卒七十二人。"四千乘合三十万人，还应加上留守部队千乘左右，共有五千乘，近四十万人。见《左传·昭公五年》："（晋）因其十家九县，长毂九百。其余四十县，遗守四千。"还可参见童书业：《春秋左传研究》（94）军数，上海人民出版社，1980年；韩连琪：《周代的军赋及其演变》，《文史哲》1980年第3期。三家分晋后，魏国有军队十余万人，除去守境者，其机动兵力大约只有数万人。

③ 参见《吴子·励士》载吴起曰："今臣以五万之众，而为一死贼，率以讨之，固难敌矣。"《尉缭子·制谈》："有提七万之众，而天下莫当者，谁？曰：'吴起也。'"

　　第一，维持三晋联盟，共同对外作战。由于魏兵员不足，又属于"四战之国"，不能树敌太多。三家分晋以后，尚未得到周天子的承认，在政权统治上还有待巩固，所以有必要联合盟友，以增强自己的力量。有鉴于此，魏文侯一向把巩固与韩、赵两家的睦邻关系作为基本国策。例如："韩、赵相难，韩索兵于魏，曰：'愿得借师以伐赵。'魏文侯曰：'寡人与赵兄弟，不敢从。'赵又索兵以攻韩，文侯曰：'寡人与韩兄弟，不敢从。'二国不得兵，怒而反，已乃知文侯以讲于己也，皆朝魏。"①另一方面，魏文侯在对秦、齐、楚国作战时，往往是和韩、赵两国一起行动，其结果促成了战争的胜利②。

　　第二，集中兵力，依次打败对手。除了盟友韩、赵之外，魏的邻国多是宿仇旧敌，如秦、齐、楚等，且地广兵强，不易战胜。魏国此时还没有足够的力量在几处同时采取进攻，为了确保获胜，它总是把有限的军队集结起来，每次只在一个战略方向发动攻势。从魏文侯在位时对外的战况来看，魏国先后向秦、中山、齐以及中原地带的郑、宋等国主动进攻，其用兵具有阶段性，作战意图十分明显，都是在取得预期的目的后转移兵力，投入另一个战场，其他地

---

① 《战国策·魏策一》。
② 《史记》卷5《秦本纪》载孝公元年令曰："会往者厉、躁、简公、出子之不宁，国家内忧，未遑外事，三晋攻夺我先君河西地。"《水经注》卷24《瓠子河》引《竹书纪年》："晋烈公十一年……（齐）田布围廪丘，（魏）翟角、赵孔屑、韩师救廪丘，及田布战于龙泽，田布败逋。"《水经注》卷26《汶水》引《竹书纪年》："（晋）烈公十二年，王命韩景子、赵烈子、（魏）翟员伐齐，入长城。"《史记》卷40《楚世家》："悼王二年，三晋来伐楚，至乘丘而还。"

区随即改为防御。时间顺序为：

　　1．公元前419—前408年，于河西、河外伐秦。

　　2．公元前408—前406年，伐灭中山。

　　3．公元前405—前404年，伐齐。

　　4．公元前400年以后，伐郑、宋、楚等。

　　此后魏武侯、魏惠王继续向郑、宋等国所在的中原地带投入主力军队，广拓疆土，取得了赫赫战果，直至"逢泽之会"，惠王率诸侯朝天子，登上了霸主的宝座。可以说，魏国在战国前期所实施的战略收效显著，获得了很大的成功。但是，魏国统治者为什么要采取这样的用兵次序和作战方向？它和当时的地理形势以及魏国的领土特征有何必然联系？笔者试做以下分析：

　　战国前期的政治势力，大致可以分为三类：

　　（1）华夏与东夷中小诸侯。立国于中原地带（黄河、泰山以南，嵩高、外方以东，桐柏、大别山及淮河以北）的郑、宋、鲁、卫等华夏旧邦以及淮北、泗上的众多小国——莒、邹、杞、蔡、薛、郯、任、滕、倪等。国力较为弱小，自春秋诸侯争霸以来，就是强国吞噬、奴役的主要对象。

　　（2）戎狄蛮夷。活动于中国大陆周边地带的落后部族、邦国，如北方的游牧民族东胡、楼烦、林胡、义渠、乌氏、西羌等等；南方务农又兼营渔猎的百越、群蛮和文明程度略高的巴、蜀等等。它们也是大国兼并、驱除的目标。

　　（3）强国。如齐、三晋、秦、楚、越等大国，地广兵强，历史上充当过海内或地区性的霸主，是战国前期政治舞台上最为活跃的主角。它们的疆土从山东半岛向西推移，经过河北平原、山西及陕北高原、关中平原，再由陕南和豫西丘陵折而向南，囊括南阳盆地、江汉平原后转向东方，经江淮平原而抵达海滨，呈现出一个巨大的弧形。在地理位置上，上述强国的领域正好位于中原和周边地带之间，将华夏与东夷中小诸侯国家包围起来，而这些强国则又被外围的戎狄蛮夷所环绕。

上述的地理格局和春秋时期政治力量的地域分布态势基本相同。从春秋历史来看，齐、晋、秦、楚、吴几大强国间的战争互有胜负，维持着均势状态，它们的领土扩张主要是靠兼并弱邻来完成的，即所谓"内取诸夏，外攘夷狄"，向中原和周边地带发展势力。从春秋时期的历史来看，大国成长称霸都需要一定的地理条件，就是多与实力相对较弱的中小诸侯、戎狄蛮夷有着较长的共同边界。列强崛起的首要步骤，是先选择弱小邦国、部族作为用兵对象，在不太耗费兵员财力的情况下扩展领土，充实国力，待到羽翼丰满时再与其他强国交锋。如《左传·襄公二十九年》鲁叔侯曰："虞、虢、焦、滑、霍、杨、韩、魏，皆姬姓也，晋是以大。若非侵小，将何所取？"豫东、鲁南和淮北平原，地势平坦，沃野千里，经过华夏与东夷中小邦国的开发，经济富庶，物产丰饶，军事力量又比较弱小，因此是强国侵略争夺的首选对象。在向中原用兵不利的情况下，诸强还可以转而侵吞戎狄蛮夷的土地，如晋国群臣所言："狄之广莫（漠），于晋为都，晋之启土，不亦宜乎。"[1]秦、楚两国进

---

[1]《左传·庄公二十八年》。

兵中原受到挫折后，也能转而出师夷狄，亦可大有收获。像秦穆公"用由余谋伐戎王，益国十二，开地千里，遂霸西戎"①。楚共王败于鄢陵，还能"抚有蛮夷，奄征南海"②。但是，魏国在战国初年的疆域却没有这种便利条件，其地北临赵，西临秦，与戎狄少有接壤，河内又东与齐国交界。它在河外的阴地南邻楚、韩，东进中原的豫西通道出口被韩国控制。魏国大部分的疆界是和强国接壤，多处遭受严重威胁，交锋亦难以获胜。只有东南方向的河内一隅，面对黄河以南的郑、宋、卫等弱邻。不过，在这个理想的用兵方向上作战正面比较狭窄，使魏国的发展受到很大局限。

战国前期，诸强的主要用兵方向仍然是在中原地带，力图兼并和支配当地的华夏与东夷中小诸侯。例如：齐国极力对泰山以南的鲁、莒、薛、邹等进攻，占据了大片土地。《史记索隐》注"齐之南阳"曰："即齐之淮北、泗上之地也"③。齐威王亦言："吾臣有檀子者，使守南城，则楚人不敢为寇东取，泗上十二诸侯皆来朝。"④

楚国也积极地在这一区域展开军事行动，《史记》卷40《楚世家》曰："（惠王）四十二年，楚灭蔡。四十四年，楚灭杞，与秦平。是时越已灭吴而不能正江、淮北；楚东侵，广地至泗上……简王元年，北伐灭莒。"《史记正义》："《括地志》云：'密州莒县，故国也。'言'北伐'者，莒在徐、泗之北。"

---

① 《史记》卷5《秦本纪》。
② 《左传·襄公十三年》。
③ 《史记》卷83《鲁仲连列传·索隐》。
④ 《史记》卷46《田敬仲完世家》。

　　远在江南立国之越，亦频频向淮北出击。《孟子·离娄下》载：
"曾子居武城，有越寇。或曰：'寇至，盍去诸？'……寇退，曾子
反。"武城在今山东省费县西南。据《竹书纪年》记载，越王朱句
三十四年（公元前419年）灭滕（今山东省滕县西南），次年灭郯
（今山东省郯城县北）[①]；越王翳时（约在公元前404年）灭缯国（今
山东省枣庄市东）[②]。

　　魏之盟友韩国也对东略郑宋、向中原扩张领土早有预谋，《战
国策·韩策一》载："三晋已破智氏，将分其地。段规谓韩王曰：
'分地必取成皋。'韩王曰：'成皋，石溜之地也，寡人无所用之。'
段规曰：'不然；臣闻一里之厚，而动千里之权者，地利也。万人之
众而破三军者，不意也。王用臣言，则韩必取郑矣。'王曰：'善。'
果取成皋。至韩之取郑也，果从成皋始。"韩武子即位后，把都城
由平阳（今山西省临汾市西北）迁到河南的宜阳，后又徙至阳翟[③]，
便于向东、南发展，与楚争夺郑、宋的土地。

　　从魏国的历史来看，它也和诸强一样，把黄河以南的中原地带
作为重点进攻区域，投入大量兵力，并于公元前361年迁都至大梁，

---

① 《史记》卷41《越王勾践世家·索隐》引《竹书纪年》，《水经注》卷25
　《沂水》引《竹书纪年》。
② 《战国策·魏策四》："缯恃齐以悍越，齐和子乱而越人亡缯。"参阅蒙文通
　《越史丛考》，人民出版社，1983年，第129—130页。
③ 参见《战国策·秦策二》："宜阳未得，秦死伤者众，甘茂欲息兵。"高诱
　注："宜阳，韩邑，韩武子所都也。"《吕氏春秋·审分览·任数》高诱注：
　"（韩）康子与赵襄子共灭智伯而分其地，生武子，都宜阳。"（唐）李吉甫
　撰，贺次君点校：《元和郡县图志》卷5《河南道一》："阳翟县，本夏禹所
　都，春秋时郑之栎邑，韩自宜阳移都于此。"第138页。

将河南地区作为新的根据地，完成了统治重心的转移。但是，魏国并没有在一开始就进行南向作战，而是先打败东西两翼的邻国秦、中山、齐，其原因主要有以下几点：

1. 齐是魏国向东扩张的最大障碍。直接进军中原，必然激化魏与齐、楚及郑、宋等国的矛盾，受到多股敌对力量的抗击，是难以获胜的。魏在东方的主要敌人是齐国，齐在战国初年所奉行的策略之一，便是远交近攻，侵略较近的鲁、卫及淮泗小国，与距离自己较远而迫近晋地的郑国结盟，来阻挠晋（或是后来的三晋）对河南的攻掠。像公元前468年，"晋荀瑶帅师伐郑，次于桐丘，郑驷弘请救于齐"[1]。齐师来援，晋人不愿同时与两国交锋，统帅智伯曰"我卜伐郑，不卜敌齐"[2]，只得被迫退兵。公元前464年，晋国再次伐郑，齐兵"救郑，晋师去"[3]。齐宣公四十九年，"与郑人会西城。伐卫，取毌丘"[4]。对魏国来说，不先打败齐国，中原方向的军事行动是无法顺利进行的。

2. 魏国的本土河东，受到秦国的严重威胁。秦是晋国的宿敌，自春秋中叶以来，两国隔河相峙，互有征伐百余年。晋国阻秦东进之路，使其不能得志于中原。而秦国在晋卧榻之侧，仅一水相隔，晋之都城腹地亦得不到可靠的安全保障。战国以降，晋国先后爆发了六卿的混战与韩、赵、魏灭智氏的斗争，内乱不断。三家分

①《左传·哀公二十七年》。
②《左传·哀公二十七年》。
③《史记》卷15《六国年表》。
④《史记》卷15《六国年表》。

晋后，又在三十余年内忙于巩固统治，恢复发展力量，尚且无暇外顾。所以秦在战国初年乘机发动攻势，频频削弱晋及后来之魏国的势力和影响。例如：

（1）招纳亡叛。智氏集团被韩、赵、魏打败后，其残余势力纷纷逃奔秦国，得到秦之庇护，继续与三晋为敌。例如秦厉共公二十五年，"晋大夫智开率其邑（人）来奔"①。秦厉共公二十九年，"晋大夫智宽率其邑人来奔"②。

（2）伐大荔、取临晋。大荔是春秋战国之际较强的西戎部族，活动在黄河以西的洛水下游地区③，其王城在河西的重要渡口临晋（今陕西省大荔县朝邑镇），对岸便是魏国要津蒲坂（今山西省永济市），在此渡河后沿涑水而行即可抵达魏都安邑，是秦晋之间的交通枢纽，为兵家所必争。李吉甫曰："朝邑县，本汉临晋县地。大荔国在今县东三十步，故王城是也……县西南有蒲津关。河桥，本秦后子奔晋，造舟于河，通秦、晋之道，今属河西县。"④大荔戎盘踞此地，筑城固守，立国二百余年。公元前461年，秦国打败大荔，兵临黄河之滨。《史记》卷5《秦本纪》载厉共公十六年，"以兵二万伐大荔，取其王城"。《史记集解》引徐广曰："今之临晋也。"秦

---

① 《史记》卷15《六国年表》。
② 《史记》卷15《六国年表》。
③ 《后汉书》卷87《西羌传》："洛川有大荔之戎……是时（战国）义渠、大荔最强，筑城数十，皆自称王。"李贤注："洛川即洛水。大荔，古戎国，秦获之，改曰临晋，今同州城是也。"
④ （唐）李吉甫撰，贺次君点校：《元和郡县图志》卷2《关内道二·同州》，第37页。

据此地，作为侵伐河东的桥头堡，一来直接威胁魏国腹地、都城的安全；二来逼迫大荔部族屈服，成为秦之附庸，共同对魏作战（如公元前338年，秦孝公出兵与大荔之戎共围魏之合阳城，即是一例）。使形势发生了对魏国不利的变化。

（3）沿河修筑城堑，加强防务。秦厉共公十六年，"堑阿（河）旁，伐大荔，补庞戏城"①。舒大刚指出："阿旁即河旁，阿、河古字通用。庞戏城即彭衙，亦即庞戏氏。《秦本纪》武公元年'伐彭戏氏。'《正义》云：'戏音许宜反，戎号也。盖同州彭衙故城是也。'缪公三十四年，'孟明视等将兵伐晋，战于彭衙。'《集解》引杜预：'冯翊郃阳县西北有衙城。'《正义》引《括地志》：'彭衙故城在同州白水县东北六十里。'……彭衙即彭戏之异译。彭又与庞同声，故彭戏城即庞戏城。地望在白水、合阳之间，即今大荔县北。大荔、河旁、庞戏临近，因此，秦师一出，乃得堑河旁、伐大荔、补庞戏城，一石三鸟，缘其同在一域之故。"②彭衙亦为河西要镇，在大荔之北，春秋时于秦晋之间数次易手，战国初年被秦出师灭大荔时顺势攻克，因其旧城驻守，故仅加以修补。

秦灵公十年（前415年），"补庞，城籍姑"③。《史记索隐》案："庞及籍姑皆城邑之名。补者，修也，谓修庞而城籍姑也。"秦灵公十三年（前412年），"城籍姑"④。《史记正义》引《括地志》云："籍

①《史记》卷15《六国年表》。
②舒大刚：《春秋少数民族分布研究》，台北：文津出版社，1994年，第170—171页。
③《史记》卷15《六国年表》。
④《史记》卷5《秦本纪》。

姑故城在同州韩城县北三十五里。"这里所提到的"籍姑"在魏国河西重镇少梁之北，秦派兵夺取后筑城屯兵，对少梁形成半包围状态，使之呈背水作战之劣势。

（4）越河侵袭晋（魏）国城邑。秦厉共公十年（前467年），"（秦）庶长将兵拔魏城"[①]。魏城在今山西省芮城县境，滨于黄河。李吉甫曰："黄河，在（芮城）县南二十里。故魏城，《春秋》'晋灭之，赐毕万'是也，在县北五里。"[②]

秦国经过上述一系列的军事行动，南服大荔，占领临晋、彭衙，切断了少梁与渭水以南的魏河外诸城之联系；北夺籍姑，又阻隔了少梁与上郡的交通，使魏国在河西、河外的领土分为三段，其中部的西河仅剩下少梁一座孤城。秦国的防线已推至河旁，与魏共有黄河天险，随时可以进军河东，攻击魏国腹地，此种形势构成了对魏的严重威胁，使其如骨鲠在喉，不得不除。相形之下，齐、楚等强国距离魏本土河东较远，威胁并不大，卧榻之侧的秦国则是心腹之患，如果置之不理，出师东方，国内兵力空虚，很可能遭受到秦国的致命袭击。因此，魏国把与齐、楚争夺中原的宏远目标暂且搁置，而首先选择秦国作为打击对象，以解决门庭之患。

再者，齐国的田襄子执政以来，忙于将亲属派往各地执掌官职，篡夺国家权力。因为害怕受到诸侯的干涉，对外采取睦邻政策，息事宁人，只要三晋不发兵东向，侵犯其利益，齐国则尽量避

---

① 《史记》卷15《六国年表》。

② （唐）李吉甫撰，贺次君点校：《元和郡县图志》卷6《河南道二·陕州》，第161页。

免和它们发生冲突①，魏国也可以暂时不用担心东方的侵袭。而秦国自厉公去世以后，因君主废立问题多次发生动乱，因内耗受到削弱，客观上有利于魏国向河西的进攻。如司马迁所称："秦以往者数易君，君臣乖乱，故晋复强，夺秦河西地。"②所以，魏国开始了对秦作战的行动。

（一）伐秦

公元前419年，魏国在河西重镇少梁筑城，加强这个渡口的防卫，以此作为向西方进攻的前哨基地，结果引起了秦国的猛烈反击。《史记》卷5《秦本纪》载灵公六年，"晋城少梁，秦击之"。秦在第二年再次发动攻势，"与魏战少梁"③。但是没有取得预期的效果。魏国保住了阵地，并在下一年（公元前417年）"复城少梁"④，继续强化该地的设防。秦国同年则"城堑河濒，初以君主妻河"⑤。即在黄河沿岸筑城设垒，削陡河岸使之成为防御工事，并以公主殉祭河神，借以祈求神灵保佑它在和魏国的交战中获胜。

筹备数年之后，魏国正式向秦发动进攻，于公元前413年出兵河外，在郑（今陕西省渭南市华州区）大败秦军。见《史记》卷15《六国年表》秦简公二年，"与晋战，败郑下"。次年，魏太子

①《史记》卷46《田敬仲完世家》："田襄子既相齐宣公，三晋杀知伯，分其地。襄子使其兄弟宗人尽为齐都邑大夫，与三晋通使，且以有齐国。"
②《史记》卷5《秦本纪》。
③《史记》卷15《六国年表》。
④《史记》卷15《六国年表》。
⑤《史记》卷15《六国年表》。

击率军围攻少梁以北的繁庞（今陕西省韩城市境），得手后"出其民人"①。即将不可靠的原地居民逐出，更以魏人驻守。公元前409至前408年，魏文侯任用名将吴起领兵，自少梁南伐，"击秦，拔五城"②。渡过渭水后到达郑地，在先后攻占的临晋、元里（今陕西省澄城县南）、洛阴（今陕西省大荔县西）、合阳（今陕西省合阳县东南）筑城戍守，迫使秦人退据洛水，"堑洛"③，又筑长城以拒魏师。通过上述进攻，魏国广拓领土，全据河西之地，将西河与上郡、河外三地连成一片，使黄河河曲成为魏国的内河，消除了秦国对河东的直接威胁，建立了巩固的外围安全屏障。

（二）伐中山

吴起在河西作战大获全胜后，魏国迅速改变了用兵的主攻方向，于当年（公元前408年）转移主力，进攻中山，而对秦国只留下少数兵力，采取防御态势。其原因何在呢？这和魏国侧重在东方、中原地带扩张发展的战略构想有关。

中山是白狄鲜虞部建立的国家，位于今河北省中部。张琦《战国策释地》曰："考中山之境，自今直隶保定府之唐县、完县，真定府之获鹿、井陉、平山、灵寿、无极、定州、新乐、行唐、曲阳，兼有冀州之地。《通典》曰：中山都灵寿。"④其地西倚太行，扼守井

---

①《史记》卷15《六国年表》。
②《史记》卷65《孙子吴起列传》。
③《史记》卷15《六国年表》。
④（清）张琦：《战国策释地》卷下《中山策》，《丛书集成初编》第3055册，中华书局，1985年，第91页。

陉要道，控制了山西高原通往河北的一条险途；又北屏燕境，南临赵国的东阳、邯郸，东与强齐相邻，处在黄河以北几大强国之间的枢纽地段，位置相当重要。《战国策·秦策三》称"中山之地方五百里"，疆土亦不算小。鲜虞原是游牧民族，自春秋时入居河北平原后，吸收了华夏族的先进经济、文化，拥有较为发达的农业、手工业，军力也很强劲。王先谦曰："中山为国历二百余年，晋屡伐而不服，魏灭之而复兴。厥后七雄并驱、五国相王，兵力抗燕、赵而胜之，可谓能用民矣。"[①]各个强国如果能够占领或控制利用中山，不仅可以明显增强己方阵营的力量，改变实力对比关系，还能威慑邻国，向几个战略方向用兵，造成十分有利的态势。如郭嵩焘所言："战国所以盛衰，中山若隐为之枢辖。而错处六国之间，纵横捭阖，交相控引，争衡天下如中山者，抑亦当时得失之林也。"[②]正因如此，春秋战国之际，中山便成为几大强国竞相争夺的焦点。鲜虞曾利用齐晋间的矛盾，与齐联盟，对抗晋国，多次袭击其河内之地。例如公元前494年，齐、鲁、卫及鲜虞共同伐晋，取其棘蒲（今河北省赵县）[③]。

　　公元前491年，齐国又出兵伐晋，连陷八城，鲜虞再次派兵配合作战[④]。三家分晋前，楚国曾派司马子期率兵，不远千里伐灭中

[①]（清）王先谦撰，吕苏生补释：《鲜虞中山国事表、疆域图说补释·原识》，上海古籍出版社，1993年，第7页。

[②]（清）王先谦撰，吕苏生补释：《鲜虞中山国事表、疆域图说补释·原序》，第5页。

[③]《左传·哀公元年》："夏四月，齐侯、卫侯救邯郸，围五鹿……齐侯、卫侯会于乾侯，救范氏也。师及齐师，卫孔圉、鲜虞人伐晋，取棘蒲。"

[④]《左传·哀公四年》十二月，"（齐）国夏伐晋，取邢、任、栾、鄗、逆畤、阴人、盂、壶口，会鲜虞，纳荀寅于柏人"。

山①，但未能久驻。晋国的智伯也攻占过中山的仇由和穷鱼之丘②。三家灭智氏后，中山之地多为赵国吞并，魏在东方仅有河内一隅，又受到齐、赵、郑、卫的挤迫，勉可容足，急需扩大地盘，建立一块巩固的前哨基地，来抗衡诸强，进据中原。因此，在赵襄子时，魏文侯提出"残中山"，要求瓜分原中山国的领土，此举未得到满足，赵氏仅同意纳魏公主为正妻，将原中山部分国土封给她做采邑，使魏国获得一些收入③。当时赵氏势力强盛，魏只好妥协，先以秦国作为进攻对象来筹备战略计划。

正当魏在河西展开攻势时，东方的政局却发生了变化，公元前414年，中山复国。赵献子十年，"中山武公初立"④。宋人吕祖谦《大事记》对此解释道："中山武公初立，意者其势益强，遂建国备诸侯之制，与诸夏伉轧。"中山为了得到外界支持，以对抗赵、魏，和旧日盟友齐国结约修好。齐国意欲削弱三晋在东方的影响，也积极配合，向赵、魏发动了进攻，借此牵制它们对中山国用兵。齐宣

————————————

① 参见《战国策·中山策》，及天平、王晋:《试论楚伐中山与司马子期》，《河北学刊》1988年第1期。

② 参见《战国策·西周策》，《水经注》卷12《巨马河》引《竹书纪年》。

③《战国策·中山策》："魏文侯欲残中山，常庄谈谓赵襄子曰:'魏并中山，必无赵矣。公何不请公子倾以为正妻，因封之中山，是中山复立也。'"高诱注:"公子倾，魏君之女，封之于中山，以为邑。""是则中山不残也。故云'中山复立'，犹存也。"鲍彪注:"（公子倾）魏君女，魏必不残其女之封。"金正炜曰:"按'常庄谈谓赵襄子曰'，《寰宇记》作'张孟谈谓赵襄子'"。诸祖耿撰:《战国策集注汇考》，江苏古籍出版社，1985年，第1712—1713页。

④《史记》卷43《赵世家》。

公四十三年（前413年），"伐晋，毁黄城，围阳狐"[①]。《竹书纪年》载晋烈公十年（前410年），"齐田盼及邯郸韩举战于平邑，邯郸之师败逋，获韩举，取平邑新城"[②]。

这时的赵国经历了襄子死后十余年间的内乱[③]，三易其君，元气大伤，尚未复原，无力单独应付齐与中山的进攻。中山的复国，使魏丧失了公子倾的封邑，增添了一个劲敌。中山与齐国结成联盟，改变了东方地域的政治力量对比关系，魏国的河内孤悬在外，与本土河东联系不便，此刻受到严重威胁。这种局面如果延续下去，不仅河内的安全无法保障，魏国的兵力也会被牵制，不能顺利执行预想的战略，即南渡黄河向中原扩张，这对魏国来说是十分被动的。

为了改变东方的不利形势，魏国在河西作战获胜、实现预定目标（将河外、西河、上郡连成一片，有效地保障了魏国西境的安全）后，立即将军队主力调往太行山东，投入对中山的攻击。从一些史籍的记载来看，魏国对中山的进攻经过了精心策划，准备充分[④]，尽

[①]《史记》卷46《田敬仲完世家》。

[②]（清）朱右曾辑，王国维校补，黄永年校点：《古本竹书纪年辑校·今本竹书纪年疏证》，第23页。

[③]《史记》卷43《赵世家》："（赵）襄子立三十三年卒，浣立，是为献侯。献侯少即位，治中牟……襄子弟桓子逐献侯，自立于代，一年卒。国人曰桓子立非襄子意。乃共杀其子而复迎立献侯。"

[④]《韩非子·外储说左下》："田子方从齐之魏，望翟黄乘轩骑驾出，方以为文侯也，移车异路而避之，则徒翟黄也。方问曰：'子奚乘是车也？'曰：'君谋欲伐中山，臣荐翟角而谋得果。且伐之，臣荐乐羊而中山拔。得中山，忧欲治之，臣荐李克而中山治。是以君赐此车。'方曰：'宠之称功尚薄。'"由此可见中山在魏文侯心目中的重要地位，以及伐中山之事的运筹策划。

管如此，仍然受到了顽强的抵抗，战事相当激烈，持续了三年^①，曾引起群臣的激烈反对^②；魏文侯不为所动，先后派遣了乐羊、吴起等名将，又得到中山叛臣白圭的帮助^③，才取得了最后的胜利。

（三）伐齐

魏国在灭亡中山后，留太子击驻守，并顺势展开了对齐国的战略进攻。从前一段历史来看，田氏代齐后，曾有数十年的时间忙于巩固内部统治，担心诸侯前来干涉，而采取了睦邻政策，不敢贸然对外略地用兵。《史记》卷46《田敬仲完世家》载："田常既杀简公，

---

① 参见《战国策·秦策二》："魏文侯令乐羊将，攻中山，三年而拔之。"《史记·甘茂列传》所载略同。《说苑》卷8《尊贤》："魏文侯曰：'我欲伐中山，吾以武下乐羊，三年而中山为献于我，我是以得友得之功。'"钱穆：《先秦诸子系年》卷2《吴起为魏将拔秦五城考》："余考魏伐中山，当在周威烈王十八年。且《国策》诸书，皆言乐羊围中山三年拔，则中山之灭，犹在后。盖乐羊主其事，而吴起将兵助攻。"第165页。钱穆：《先秦诸子系年》卷2《魏文灭中山考》："孙氏《墨子年表》魏灭中山在周威烈王二十年，《周季编略》亦然，盖据乐羊围中山三年而克言之。"第166页。

② 《战国策·秦策二》："魏文侯令乐羊将，攻中山，三年而拔之，乐羊反而语功，文侯示之谤书一箧，乐羊再拜稽首曰：'此非臣之功，主君之力也。'"《吕氏春秋·先识览·乐成》："魏攻中山，乐羊将。已得中山，还反报文侯，有贵功之色。文侯知之，命主书曰：'群臣宾客所献书者，操以进之。'主书举两箧以进，令将军视之，书尽难攻中山之事也。将军还走，北面而拜曰：'中山之举，非臣之力，君之功也。'当此时也，论士殆之日几矣，中山之不取也，奚宜二箧哉？一寸而亡矣。文侯，贤主也，而犹若此，又况于中主邪？"

③ 《史记》卷83《鲁仲连列传》："白圭战亡六城，为魏取中山，何则？诚有以相知也……白圭显于中山，中山人恶之魏文侯，文侯报之以夜光之璧。"《史记集解》张晏曰："白圭为中山将，亡六城，君欲杀之，亡入魏，文侯厚遇之，还拔中山。"

惧诸侯共诛己，乃尽归鲁、卫侵地，西约晋、韩、魏、赵氏，南通吴、越之使，修功行赏，亲于百姓，以故齐复定。"中山复立之后，齐国在东方地域的政治、军事力量得到了它的有力支持，因此摆脱了以往的沉闷状态，活跃起来，开始频频向泰山、黄河以南的鲁、卫等小国发动攻击，并与郑国联合，以抑制赵、魏势力在这一地区的发展。例如：

> （齐）宣公四十三年，伐晋，毁黄城，围阳狐。明年，伐鲁、葛及安陵。明年，取鲁之一城……宣公四十八年，取鲁之郕。明年，宣公与郑人会西城。伐卫，取毌丘。[①]

面对齐国咄咄逼人的攻势，魏不能等闲视之，只有打败齐国，消除了侧翼的威胁，魏国才可以把主力军队投入到中原地带，放手与郑、宋及楚国一搏。因此，魏在灭亡中山后的公元前405年，即命令翟角（员）率兵协同赵国攻齐，解救廪丘之围，获得大胜[②]。次年，魏又会合赵、韩军队攻入齐国长城，事见《骉羌钟》铭文及《水经注》卷26《汶水》引《竹书纪年》："（晋）烈公十二年，王

①《史记》卷46《田敬仲完世家》。
②参见《水经注》卷24《瓠子河》引《竹书纪年》："晋烈公十一年，田悼子卒，田布杀其大夫公孙孙，公孙会以廪丘叛于赵。（齐）田布围廪丘，（魏）翟角、赵孔屑、韩师救廪丘，及田布战于龙泽，田布败逋。"《吕氏春秋·慎大览·不广》："齐攻廪丘，赵使孔青将死士而救之。与齐人战，大败之。齐将死，得车二千，得尸三万以为二京。"《孔丛子·论势》："齐攻赵，围廪丘，赵使孔青帅五万击之，克齐军，获尸三万。"

命韩景子、赵烈子、翟员伐齐，入长城。"方诗铭、王修龄云："《吕氏春秋·下贤》：'（魏文侯）故南胜荆于连堤，东胜齐于长城，虏齐侯，献诸天子，天子赏文侯以上闻。'与《纪年》所记为一事。翟员即上条之'翟角'，魏帅。晋烈公十二年当魏文侯四十二年。时三晋之中，文侯最强，次役实以魏为主，故《吕氏春秋》仅举文侯。"[1]

魏灭中山，又率领韩、赵，两次重创了齐这个传统大国，使东方的政治地理格局发生了重大改变。三晋——尤其是魏国声威大震，周王室不得不在次年正式承认它们为诸侯。齐国受此打击后，实力大为削弱，被迫退出了与魏的竞争，整整十年之后，才恢复了对外的军事行动[2]。而魏国的获胜，则使它可以放心从河内南下，实行其中原逐鹿、称霸天下的战略构想了。

（四）伐郑、宋与楚

魏国接连战胜秦、中山与齐，东西两侧的劲敌暂时不能为患。在有利的形势下，魏国全力向中原进兵，以夺取郑、宋、卫及淮泗间小国的土地，迫使它们臣服。因为上述中小诸侯势微力弱，无法进行有效的抵抗，魏国的主要对手是南方的强楚。据《史记》卷15《六国年表》记载，魏文侯晚年的用兵，基本上是在河南与楚国争郑。如楚悼王二年（前400年），"三晋来伐我，至乘丘"。《史记》

---

[1]方诗铭、王修龄辑录：《古本竹书纪年辑证》，上海古籍出版社，1981年，第94页。
[2]《史记》卷46《田敬仲完世家·集解》引徐广曰："（齐康公）十一年，伐鲁，取最。"当公元前394年，最在今山东省曲阜市南。

卷40《楚世家》载悼王十一年（前391年），"三晋伐楚，败我大梁、榆关"。这是魏国获得的一场决定性的胜利，此役之后，魏在豫东平原站稳了脚跟，夺取了大梁附近的大片土地。

《史记》卷15《六国年表》载次年，楚国为了拉拢郑国抗魏，曾"归榆关于郑"。在没有收到效果的情况下，又于次年"败郑师，围郑"，逼迫郑国杀掉执政的大臣子阳而投靠自己。魏国则在公元前393年"伐郑，城酸枣"。酸枣是黄河渡口延津西南的重要军事据点，原属郑国，被魏占领后作为南略中原、抗衡齐、楚的前进基地①。魏文侯去世后，武侯及惠王即位之初，继续在这一地区用兵，向东、南扩展，逐步开拓出一块物产丰饶、面积远远超过河东本土的新疆域。公元前361年，距魏文侯协韩、赵伐楚，初次向河南出师还不到40年，魏在中原的疆土已然颇具规模，惠王把都城从安邑迁到大梁②，建立了新的政治中心。国都东移的原因，并非是像有些史家所说的"避秦"，而是由于河南地区在经济、政治上的地位影响已经超过了河东，魏在那里与齐、楚、韩、赵等强国进行着激烈的角逐，形势紧迫，但两地相隔千里，交通不便，从安邑对河南实行遥控是难以收到满意成效的。迁都大梁，有利于魏国对中原的开拓和巩固，可以实现其图霸争雄的宏伟抱负，如朱右曾所言："惠王之徙都，非畏秦也，欲与韩、赵、齐、楚争强也。安邑迫于中

①《说苑》卷2《臣术》翟黄曰："昔者，西河无守，臣进吴起而西河之外宁。邺无令，臣进西门豹而魏无赵患。酸枣无令，臣进北门可而魏无齐忧。"
②《水经注》卷22《渠水》引《竹书纪年》："梁惠成王六年四月甲寅，徙都于大梁。"

条、太行之险，不如大梁平坦，四方所走集，车骑便利，易与诸侯争衡故也。赵之去耿徙中牟，又徙邯郸，志在灭中山以抗齐、燕。韩之去平阳徙阳翟，又徙新郑，志在包汝颍以抑楚、魏。岂皆为避秦哉。"①

战国前期魏国的领土扩张，主要是在这个战略方向完成的。苏秦说魏王曰："大王之地，南有鸿沟、陈、汝南，有许、鄢、昆阳、邵陵、舞阳、新郪；东有淮、颍、沂、黄、煮枣、海盐、无疏……"②班固亦言魏地："南有陈留及汝南之召陵、濦强、新汲、西华、长平，颍川之舞阳、郾、许、傿陵，河南之开封、中牟、阳武、酸枣、卷，皆魏分也。"③上述领土，基本都是魏国在迁都大梁前后的数十年间，从郑、宋、楚等国手中夺来的。这一显赫功业，是其先邦——春秋时晋国远未达到的。魏也因为占据中原沃土，大大增强了实力，从而一跃成为称霸诸侯的头号强国。苏秦谓齐湣王曰："昔者魏（惠）王拥土千里，带甲三十六万，其强而拔邯郸，西围定阳，又从十二诸侯朝天子。"甚至采用天子的服制，"身广公宫，制丹衣柱，旃建九斿，从七星之旗，此天子之位也，而魏王处之"④。公元前344年，魏惠王召集诸侯，举办"逢泽之会"。"乘夏车，称夏王，朝为天子，天下皆从。"⑤俨然成为战国第一代霸主，

---

① （清）朱右曾：《汲冢纪年存真》。
② 《战国策·魏策一》。
③ 《汉书》卷28下《地理志下》。
④ 《战国策·齐策五》。
⑤ 《战国策·秦策四》。

邻近中小诸侯都来朝见，服从其驱使调遣①。战国前期阶段，魏国在政治、军事上取得的巨大成功，和它所实施的战略有着密不可分的关系，魏文侯、武侯比较客观地判断了当时的地理形势，决定了合理的主攻作战方向与用兵次序，先后打败了秦、中山、齐、楚等国，获得预期的效果，为其霸业的建立奠定了基础。

三、从地理角度分析魏国的战略失误

魏自武侯至惠王前元年间，东方的战事进展顺利，不断开疆拓土，捷报频传，但是政治、军事形势逐渐变得复杂、恶化起来。魏在中原与齐、楚、赵、韩交兵，多获胜绩，却也受过桂陵之战那样的重创。随着秦国的强盛崛起，魏在西线的作战接连告负，被迫筑长城以加强防御，陷入两面受敌的不利局面。公元前341年马陵之战，魏惨败于齐，十万大军被歼，统帅太子申、庞涓阵亡。次年又遭到秦国的打击，主将公子卬被俘，丧师失地。魏之局势从此江河日下，退出了一流强国的行列，被迫充当齐、秦的附庸，再未能恢复往日的伟绩。短短数十年间，魏国经历了由盛入衰的剧变，这使惠王痛心疾首，他曾不胜感慨地对孟子说："晋国，天下莫强焉，叟之所知也。及寡人之身，东败于齐，长子死焉；西丧地于秦七百

---

① 《战国策·齐策五》："卫鞅见魏王曰：'大王之功大矣，令行于天下矣。今大王之所从十二诸侯，非宋、卫也，则邹、鲁、陈、蔡，此固大王之所以鞭棰使也。"

里；南辱于楚。寡人耻之，愿比死者一洒之。"①魏国霸业跌落的原因，前人多有评论，大致有以下几点：

1. 魏在兵制上推行"武卒"制度，免除了战士的赋税、徭役，并赐给田宅，因此使财政收入显著减少②，以致削弱了国家的经济基础。

2. 外交上树敌太多。魏文侯时尚注意联合韩、赵，每次用兵只针对一个敌国。而魏武侯和惠王却未能处理好与邻邦的关系，常常同时交恶数国，导致敌众我寡，战事频繁，大大损耗了人力、财力。

3. 作战指挥上有重大失误。像马陵之战时庞涓受"增兵减灶"之计的蒙蔽，中伏而亡。公子卬在西河为商鞅所欺骗，单车赴会而遭擒，致使军队溃败。

诸此种种，笔者试从地理角度来分析一下魏国战略的失误：

（一）对河西战场缺乏足够的重视

对魏国来说，河东是根据地，而秦与其隔河相峙，较之齐、楚等国，它所构成的威胁要严重得多。秦实为魏国最险恶的敌人，双方绝不能共存。如商鞅对秦孝公所言："秦之与魏，譬若人之有腹心疾，非魏并秦，秦即并魏。"③魏国从公元前408年吴起伐秦获胜后，

---

①《孟子·梁惠王上》。
②《荀子·议兵》："魏氏之武卒，以度取之，衣三属之甲，操十二石之弩，负服矢五十个，置戈其上，冠轴带剑，赢三日之粮，日中而趋百里。中试则复其户，利其田宅，是数年而衰而未可夺也，改造则不易周也，是故地虽大，其税必寡，是危国之兵也。"
③《史记》卷68《商君列传》。

便在河西采取守势，主力尽调往东方，未能彻底解决西方的潜在危害，以致留下隐患，使秦国将来还能东山再起。魏国的这一战略部署虽然收效于中原，却在西方暗伏败笔。钟凤年对此评论道："魏文侯力争秦之河西，首将在渭南北地联为一部，盖已深知全局如此非持久之计而然也。奈终未及逐秦远徙，布置周备，即舍而之他；武侯则直不以秦为虑。故传至惠王，一旦秦人暴兴，魏则拙势立见，从此处处失败，地或残或丧，无一片得宁靖者矣。"①

就战国前期情况而言，魏文侯末年至惠王即位之初，形势明显对魏国伐秦有利。原因主要有以下几点：

1. 秦自厉公以后、怀公至出子五代国君期间（公元前429—前385年），统治集团内部斗争激烈，频频出现废立君主的动乱，国内政局不稳，"群贤不说（悦）自匿，百姓郁怨非上"②。致使国力衰弱，对外作战连连失败，利于魏国继续向河西进攻，扩大战果。

2. 秦与其传统盟友楚国此时关系冷淡。《史记》卷40《楚世家》载悼王二年（前400年），"三晋伐楚，败我大梁、榆关。楚厚赂秦，与之平"。看来两国之间存在着冲突，楚为了应付三晋的进攻，被迫向秦厚纳财物以求得缓和。楚国当时正与齐、魏、韩在方城之外发生剧烈争夺，亦无暇助秦。

3. 秦国在外交上处于孤立状况，华夏诸侯对其多予以鄙视。司马迁言战国初年，"周室微，诸侯力政，争相并。秦僻在雍州，

---

①钟凤年：《〈战国疆域变迁考〉序例（续）》，《禹贡》第七卷第六、七合期。
②《吕氏春秋·不苟论·当赏》。

不与中国诸侯之会盟，夷翟遇之……诸侯卑秦，丑莫大焉"①。魏国若大举伐秦，邻国多会袖手旁观，不会助秦抗魏，韩、赵为了参与瓜分秦地，很可能像日前那样，出兵协魏攻秦。

所以，魏国较为理想的战略步骤应是首先全力伐秦，即使不能灭亡其国，也可以将秦远逐到陇坂以西，占据关中这块宝贵的"四塞之地"，北连上郡，南抵秦岭，然后再东进中原，这样形势要有利得多。从当时的情况来看，魏国确实有能力和条件来完成驱秦的军事行动。如商鞅对秦孝公所言："夫魏氏其功大，而令行于天下，有十二诸侯而朝天子，其与必众。故以一秦而敌大魏，恐不如。"②可惜魏国没有把握住这个难得的机会。

（二）未能巩固对中山的统治

魏国对中山的用兵持续三年，人马财粟损耗甚众，占领之后，尽管曾派太子击和李克前往镇守，但事后对这块国土以外的"飞地"未加以足够的关注与支持。《说苑》卷12《奉使》载："魏文侯封太子击于中山，三年使不往来。"竟然不闻不问。后又将太子击召回，委任少子挚守中山，挚其人年少，尚无经验，担不起这副重任。再者，由于中山与魏之间被赵国阻隔，来往需要假道，受制于人，运送兵员财粟相当困难，且又受到燕、齐、赵等强邻的包围，本来就难以坚守。魏国君臣再不加重视，未能及时打通道路，巩固统治，后来丧失其地就在所难免了。

①《史记》卷5《秦本纪》。
②《战国策·齐策五》。

（三）没有处理好三晋的联合或统一问题

魏与韩、赵壤土交错，又同出于晋，在政治、疆域和历史渊源上都有实行联盟或统一的条件。另外，魏如不能兼并韩、赵，或与韩、赵结盟，后果则是严重的。首先，其领土被分割破碎的状况无法根本改变，各地区之间交通不便，难以相互支援，做有效的防御。其次，与韩、赵敌对会牵制和消耗魏国有限的兵力，这对它的发展是十分不利的。

战国初年，魏文侯注意维持与韩、赵的友好关系，三家协同对外作战，魏国多有受益。但是自武侯即位后，支持赵国逃亡贵族公子朔，发兵偷袭邯郸，受挫而返①。此后三晋联盟破裂，交战不已，魏国亦因此遭受了重大损失，如惠王初立，"（韩懿侯）乃与赵成侯合军并兵以伐魏，战于浊泽，魏氏大败，魏君围。赵谓韩曰：'除魏君，立公中缓，割地而退，我且利。'韩曰：'不可，杀魏君，人必曰暴；割地而退，人必曰贪。不如两分之。魏分为两，不强于宋、卫，则我终无魏之患矣。'赵不听。韩不说，以其少卒夜去"②。司马迁对此评论道："惠王之所以身不死，国不分者，二家谋不合也。若从一家之谋，则魏必分矣。"③

因为三晋之间存在着利益冲突，相互觊觎领土，很难实行长久

---

① 《史记》卷44《魏世家》："魏武侯元年，赵敬侯初立，公子朔为乱，不胜，奔魏，与魏袭邯郸，魏败而去。"
② 《史记》卷44《魏世家》。
③ 《史记》卷44《魏世家》。

的联合。而它们的分立又导致势单力孤，难以在与诸强的抗衡中占有优势，容易被敌人各个攻破。顾祖禹曾论道："呜呼！秦之能灭晋者，以晋分为三而力不足以拒秦也。假使三晋能知天下之势，其于安邑、于上党、于晋阳也，如捍头目而卫心腹也，即不能使秦人之不我攻，必当使我之不可攻。"[1] 对魏国来说，即使暂时无法吞并韩、赵，至少应该联合其中一家，来制约、削弱另一家，形成对自己有利的局面。但在实际上，往往却是韩、赵两家站在一起来共同对抗魏国，魏曾多次以一敌二，不免陷于被动。

（四）过早向中原扩张和迁都

战国前期，魏把中原地带当作战略主攻方向，投入大量主力军队，并把都城迁到大梁，这一选择和举措在事实上是利弊各半的。黄淮平原地势平坦，便于部队的运动。土壤沃饶，立国者多为中小诸侯，力量不强，向这一地带用兵直接损失较少，收益较多，是其诱人之处。不过也有些不利因素，详述如下：

豫东平原位于天下之中，车马辐辏，皆为坦途，又无名山大川之险阻，实为易攻难守的四战之地。魏国在河南开辟的疆土，被齐、楚、韩三面包围，北边的河内也受到赵国的威胁，魏与韩、赵关系恶化后，已处在四面受敌的尴尬境地。《商君书·兵守》即对这种情况进行分析，指出"四战之国"应该侧重于防御，不宜到处出击。"四战之国贵守战，负海之国贵攻战。四战之国好举兴兵以

---

[1]（清）顾祖禹撰，贺次君、施和金点校：《读史方舆纪要》卷39《山西方舆纪要序》，第1775页。

距四邻者，国危。四邻之国一兴事，而己四兴军，故曰国危。四战之国不能以万室之邑舍巨万之军者，其国危。故曰：四战之国务在守战"。上述议论实际是对魏在中原屡次轻举妄动，结怨众多邻国，而最终招致失败的总结与批评。

惠王迁都大梁，虽然有利于控制中原的军政国务，但是该地四面临敌，又无险可守，容易被敌军长驱直入，造成兵临城下的危险局面。大梁车骑四通，道路交汇，属于军事地理学上的枢纽地段，战时即成为兵家必争的热点，冲突频繁，安全很难得到保障。首都是国家的政治中枢，设置在这样的地点是不适合的。顾祖禹即着重强调不宜在河南那种"四战之地"建都，否则会陷于衰弱危难。河南的防务有赖于周围地区——特别是关中、河北等地作为它的屏障。"河南，古所称四战之地也。当取天下之日，河南在所必争；及天下既定，而守在河南，则岌岌焉有必亡之势矣。周之东也，以河南而衰；汉之东也，以河南而弱；拓跋魏之南也，以河南而丧乱……然则河南固不可守乎？曰：守关中，守河北，乃所以守河南也。"[1]

战国时期的中原，对魏国来说，好像是设有美味诱饵的陷阱，一旦过早地置身于此，便受到诸多强邻的围攻，而无法摆脱困境。后来秦国进行统一战争时，也出现过类似的战略失误。秦昭王时魏冉执政，亦曾把主攻方向定在中原，频频出兵围攻魏都大梁，又与齐国争夺陶邑，结果并不理想。由于燕、赵、韩等诸侯来救，"穰

---

[1]（清）顾祖禹撰，贺次君、施和金点校：《读史方舆纪要》卷46《河南方舆纪要序》，第2083页。

侯十攻魏而不得伤"①。陶邑虽然得手，但因距离关中太远，有韩、魏阻隔，日后还是被魏国夺走。范雎献"远交近攻"之策后，秦国及时调整了战略，以主力进攻邻近的河东、河内、南阳，与三晋和楚国分别作战，待扫清外围后，便势如破竹地攻占了中原地带。

---

① 《战国策·秦策三》。

战国中期的地理形势与列强纵横
谋略之成败

齐魏"马陵之战"以后，中国的政治局势发生了重要变化，群雄并立对峙，列国纷纷实行"合纵""连横"的军事外交战略，尽量联络"与国"，即盟国，借以壮大自己的力量，孤立和打击敌手，出现了错综复杂的局面。其中最为强大的齐、秦、楚国各展谋略，竞成帝业，经过激烈反复的角逐，秦国终于挫败齐、楚两强，形成了对山东六国的巨大优势，从而开始了兼并天下的统一战争。本章探讨的是这一历史阶段中国政治力量的地域分布态势，并从地理角度来分析列强所实施的战略之特点及其成败原因。

一、战国中期①的政局演变及其时代特点

战国的历史发展到公元前4世纪中叶，出现了新的政治局面，

---

① 战国时代的历史大致可以分为前、中、后三期，前期又可以分成两个阶段：1.公元前475至前420年，是齐、晋（及后来的"三晋"）、楚、越四强并立，秦国因内乱等缘故势力衰弱，未能入围，被屏于外。2.公元前（转下页）

其引人注目的特征有以下几点：

（一）由魏国独霸转为七雄并立

战国初年，魏文侯任用李悝、翟黄、乐羊、吴起等贤臣良将，变法改政，行"尽地力之教"，致使国富兵强，对外扩张连连告捷，辟地千里。魏惠王曾"伐楚胜齐，制赵、韩之兵，驱十二诸侯以朝天子于孟津"[①]，称霸中原，盛极一时。但因树敌过多，在马陵之战中惨败于齐，随后又被秦军袭破，失河西之地，从此一蹶不振。公元前334至前323年，先后发生了齐魏"徐州相王"和韩、赵、魏、燕、中山"五国相卫"，出现了七雄并峙交锋的混乱形势。它们彼此间虽然略有强弱之分，但实力相对均衡，并没有一国能够占据绝对优势，各邦诸侯"握其权柄，擅其政令，下无方伯，上无天子，力征争权，胜者为右"[②]。

（二）战争更加残酷激烈

1. 经济发展促使战争规模扩大。战国前期，由于农工商业的

（接上页）419至前333年，魏国从积极向外扩张、独霸中原到败于齐、秦，被迫投靠强国，沦为附庸。中期也可以分为两个阶段：1.公元前333至前284年，从齐魏"徐州相王"，到秦国支持五国伐齐获胜，乐毅率燕军灭亡齐国。2.公元前283至前260年，从秦国首次兵围大梁，又攻陷楚都鄢郢，直到长平之战中全歼赵军四十余万，山东再也没有能够单独与其抗衡的政治势力。后期则由公元前259至前221年，秦国逐步消灭对手，兼并六国，完成了统一天下的大业。

①《战国策·秦策五》。
②《淮南子·要略》。

飞速发展，各国的人口、财力取得巨大增长，为军事冲突规模扩大、时间持久提供了物质基础。如《战国策·赵策三》所言："能具数十万之兵，旷日持久，数岁。"

2．冶铁技术的普及。这项新型生产力的推广使铁兵器的制造和应用得到推广，武器装备水平迅速提高，大大加强了杀伤能力，而战术的改进、兵法的运用，也明显促成了战争的伤亡增多。一次重大战役，往往"伏尸数十万，破车以千百数，伤弓弩矛戟矢石之创者扶举于路"[①]。

3．战争的性质和目的有所变化。春秋时期的大国征伐主要是为了争夺霸权，被攻者一旦表示臣服，签订城下之盟，对方通常就会收兵息战。如楚庄王道："所为伐，伐不服也。今已服，尚何求乎？"[②]而战国时期的出征，基本上是以兼并城池和土地为目的，斗争常常是你死我活；冲突更加频繁、剧烈，"争地以战，杀人盈野；争城以战，杀人盈城"[③]。

（三）"合纵""连横"的出现与流行

在群雄实力均衡、战事酷烈的新形势下，诸侯各国都注重采用"合纵"与"连横"的谋略，也是这一历史阶段的醒目特点。刘向《战国策·书录》说当时，"兵革不休，诈伪并起。当此之时，虽有道德，不得施设；有谋之强，负阻而恃固；连与交质，重约结

---

①《淮南子·览冥训》。
②《史记》卷42《郑世家》。
③《孟子·离娄下》。

誓，以守其国。故孟子、孙卿儒术之士，弃捐于世，而游说权谋之徒，见贵于俗。是以苏秦、张仪、公孙衍、陈轸、代、厉之属。生从（纵）横短长之说，左右倾侧"。"合纵""连横"是一种政治斗争的策略，《韩非子·五蠹》称："从（纵）者，合众弱以攻一强也；而衡（横）者，事一强以攻众弱也。"徐中舒对此解释道："所谓合从连横，原是以三晋为主，北连燕，南连楚，为从，东连齐或西连秦为横；合从既可以对秦，也可以对齐，连横既可以连秦，也可以连齐。"①这是因为"合纵""连横"思想发源于三晋，三晋与燕、中山、宋等国在实力上略逊齐、秦、楚一筹，需要在彼此间或与强国结盟来保护自己，求生存，图发展。如《战国策·燕策二》所言："又譬如车士之引车也，三人不能行，索二人，五人而车因行矣。今山东三国弱而不能敌秦，索二国，因能胜秦矣。"这种谋略很快流行开来，也被其他国家的统治者们接受和采用了。

"合纵"与"连横"的宗旨都是强调"择交"，即在审时度势的情况下选择和结交盟友，以求联合制敌，形成力量对比上的优势，作为保持自己、削弱敌人的手段。即所谓"恃连与国，约重致，剖信符，结远援，以守其国家，持其社稷"②。"择交"被看作是国家要务，即苏秦所言："安民之本，在于择交。择交而得则民安，择交不得则民终身不得安。"③

---

① 徐中舒：《论〈战国策〉的编写及有关苏秦诸问题》，《历史研究》1964第1期。
② 《淮南子·要略》。
③ 《战国策·赵策二》。

　　因为诸侯之间的战争并不仅是两国之间的交锋，常常要波及和牵动邻邦，所以列国的统治者必须根据时局的变化来及时调整外交政策，确定盟友和敌人，组成各种军事集团，并相互策应，协调兵力，以此牵制和打击对手。由于政治舞台风云变幻，各国间的联盟关系也在不断改变，"邦无定交，士无定主"，朝秦暮楚、反复无常的现象是屡见不鲜的。直到秦国数次破楚，在公元前284年，又拉拢操纵韩、赵、魏、燕，组成五国联军伐齐获胜，使齐、楚皆衰，秦独强于海内，开始了统一战争的步伐，才揭开战国历史新的一页，"合纵""连横"也被赋予了"摈秦""事秦"的特定内容①。

　　在上述历史阶段，列国所奉行之军事外交战略的具体情况和各自特点如何？孰优孰劣？它们和当时的地理形势有什么关系？下文将给予详细论述。

二、公元前4世纪中叶战国的政治地理格局

　　公元前334年，魏国在接连惨败于齐、秦之后，惠王被迫协同韩及其他小国诸侯赴徐州朝见齐威王，承认齐国的霸主地位，即所谓"徐州相王"，此后中国进入了群雄角逐、纵横捭阖的混战时期。

---

① 参见胡三省注《资治通鉴》卷1周安王15年曰："南北曰从（纵）。从（纵）者，连南北为一，西向以摈秦。东西曰横。横者，离山东之交，使之西乡（向）以事秦。"《史记》卷7《项羽本纪·索隐》："文颖曰：'关东为从（纵），关西为横。'高诱曰：'关东地形从（纵）长，苏秦相六国，号为合从（纵）。关西地形横长，张仪相秦，坏关东从（纵），使与秦合，号曰连横。'"

除了秦国虎踞关中，"河山以东强国六，与齐威、楚宣、魏惠、燕悼、韩哀、赵成侯并。淮泗之间小国十余……周室微，诸侯力政，争相并"①。依据当时各个邦国、部族在经济、政治、文化上的综合特征，东亚大陆在地域上可以划分为两个较大的历史民族区域：

（一）"战国"地区

华夏农耕民族居住生活的广大地区，北抵蒙古高原，南至云贵高原、五岭和长江下游的楚越边境，东临大海，西达陇阪、巴山和三峡。主要分布有齐、楚、燕、韩、赵、魏、秦七国及若干中小诸侯。"战国"这个名词，今人多用来代表春秋以后至秦统一前的历史时代，而古人起初则是专指当时活动于中原及附近区域的那些诸侯国家。狭义的说法仅指上述七雄，见《战国策·赵策三》："今取古之为万国者，分以为战国七。"《战国策·燕策一》亦云："凡天下之战国七，而燕处弱焉。"广义的说法则把中山、宋、鲁、卫几个中等邦国包括进去，如刘向《战国策·书录》说当时："万乘之国七，千乘之国五，敌侔争权，盖为战国。"这样说的原因，是由于那些"千乘之国"也具有一定实力，虽然比不上七雄，但也能够对时局产生某些积极的影响，和强邻抗衡。如《战国策·齐策五》所言："昔者，中山悉起而迎燕、赵，南战于长子，败赵氏；北战于中山，克燕军，杀其将。"宋康王也曾"灭滕伐薛，取淮北之地"②。

"战国"所在的华夏诸邦具有悠久的文明传统，皆称为"冠带

①《史记》卷5《秦本纪》。
②《战国策·宋卫策》。

之国"①。春秋以来铁器、牛耕在内地的普及，有力地促进了这一地区的生产发展和社会变革，多数国家已经过渡到封建制。相对周边地区的少数民族来说，它们的经济、文化发达，军事力量也更为强大。七雄之间的战争结果，决定着由哪股政治势力担任政坛的最高主宰，支配着中国历史发展的命运。

（二）周边地区

戎狄、羌、越与南蛮、西南夷等少数民族居住的边远地区，其北部有东北平原、蒙古高原，西有陇西黄土高原、四川盆地，南部则包括云贵高原及东南沿海区域的丘陵、平原，围绕在战国诸侯所在的地区之外。周边地区的北部、西北有东胡、楼烦、林胡、乌氏、义渠、朐衍、绵诸、貉、西羌等戎狄部族，生活环境较为艰辛，干旱少雨，不利垦殖，"五谷不生，惟黍生之"②，故皆为游牧民族。它们多处于原始氏族制向奴隶制过渡的社会发展阶段，上层建筑相当落后。"无城郭、宫室、宗庙、祭祀之礼，无诸侯币帛饔飧，无百官有司"③。部落、邦族分散自立，未能组织起强大的军事力量。春秋时期戎狄势力极盛，曾多次侵扰黄河流域的农耕民族，并深入到内地居住。但在战国时期，却被日益强盛的华夏诸侯不断驱逐、挤迫，退出了中原地带。"秦厉公兵灭大荔；赵攻北戎，兵吏诛灭

---

① 《韩非子·有度》："魏安釐王攻赵救燕，取地河东，攻尽陶、卫之地……兵四布于天下，威行于冠带之国。"太田方注曰："冠带之国，诸夏也。蛮夷被发左衽，异于诸夏冕服采章。"
② 《孟子·告子下》。
③ 《孟子·告子下》。

其王。其后韩、魏侵伊洛，阴戎灭之，岳渎之间无寇庭，唯余义渠苗裔，屡震秦边。及秦昭一血刃，置陇西、北地、上郡矣"①。

周边地区的南部有巴、蜀、滇等西南诸夷，南蛮、百越及东南的越国，居民多以务农为主，但因铁器尚未推广，气候炎热多雨，丛林茂密，又兼地多红壤，难以开发垦种，所以生产水平较低，常辅以渔猎、采集等原始经济，只有成都平原的蜀国和长江下游的越国农业比较发达。周边南部的部落邦国的军事力量通常都很弱小，春秋战国之际的越国一度相当强盛，曾北上灭吴，兵伐淮泗，被公认为天下四强之一②。但在公元前333年，齐国遣使说服越王无强攻楚，遭到大败。"杀王无强，尽取故吴之地至浙江"③。越诸子争立，破败离散。越国虽未完全绝灭，但对中原政局已无重要影响。所以在这一历史阶段，就越国的政治地位和作用来说，已和夷狄的其他弱小邦族没有什么区别。

从以上情况可见，周边地区邦国部族对中国政局的影响是相当淡薄的，而"战国"地区的七雄，则在各股社会势力当中占据支配地位，其相互间的战争对当时历史的发展进程起着决定性作用。下面就此地区政治力量的分布态势进行分析：

由于政治改革和经济发展的不平衡，各诸侯国的实力有强弱之分，按照它们各自的政治地位和影响加以区别，可以把"战国"地

---

① （明）董说原著，缪文远订补：《七国考订补·七国考序》，上海古籍出版社，1987年，第9页。
②《墨子·非攻下》："今天下好战之国，齐、晋、楚、越。"
③《史记》卷41《越王勾践世家》。

区划分为四个亚区：

第一，霸国地带。

由秦、楚、齐国构成，这三个国家地广兵强，它们的综合实力均超过了七雄中的其余四国，都曾获得邻近中小诸侯的附从，担任过联盟首领，即某个军事集团的盟主。

1. 齐国。齐国本土在山东半岛与泰山以北的鲁西北平原，东临大海，其南部越泰山、泗水，到达豫东和苏北平原；疆界在襄陵（今河南省睢县）、彭城（今江苏省徐州市）与下邳（今江苏省睢宁市古邳镇），与魏、楚相拒，其地域统称为"南阳"①。但其间穿插有小国十余，即所谓"泗上十二诸侯"。西部在今冀南、豫北，与赵、魏隔黄河为邻。《汉书》卷29《沟洫志》曰："齐与赵、魏，以河为竟（境）。赵、魏濒山，齐地卑下，作堤去河二十五里。"北有徐州、狸、桑丘，在今河北中部的大城、任丘、徐水一线以南，与燕国接壤。齐之形势完备，如《战国策·秦策四》所称："齐南以泗（水）为境，东负海，北倚河，而无后患。天下之国，莫强于齐。"

齐国农业自春秋以来获得了广泛的开发。又有鱼盐之利，桑麻之饶，手工业与商业十分发达②，号称"冠带衣履天下"。物产丰富，国力强盛。如苏秦言："齐地方二千里，带甲数十万，粟如丘山。齐

①《孟子·告子下》："一战胜齐，遂有南阳，然且不可。"赵岐注："就使慎子能为鲁一战取齐南阳之地，且犹不可。山南曰阳，岱山之南谓之南阳也。"《史记》卷41《越王勾践世家》载越王无彊曰："愿齐之试兵南阳莒地。"《史记索隐》："此南阳在齐之南界，莒之西。"
②《史记》卷129《货殖列传》："齐带山海，膏壤千里，宜桑麻，人民多文采布帛鱼盐。"

车之良，五家之兵，疾如锥矢，战如雷电，解如风雨。即有军役，未尝倍太山、绝清河、涉渤海也。"①张仪亦说齐王曰："天下强国无过齐者，大臣父兄殷众富乐，无过齐者。"②威王时，诸侯"莫敢致兵于齐二十余年"，"齐最强于诸侯，自称为王，以令天下"③。马陵之战齐击败魏国，"其后三晋之王皆因田婴朝齐王于博望，盟而去"④。司马迁曰："齐威王、宣王用孙子、田忌之徒，而诸侯东面朝齐。"⑤韩非亦追述道："往者齐南破荆，东破宋，西服秦，北破燕，中使韩、魏，土地广而兵强，战克攻取，诏令天下。齐之清济浊河，足以为限；长城巨防，足以为塞。"⑥

　　齐国除了实力强盛之外，还有一些有利于担任盟主的条件。秦、楚原先属于蛮夷之邦，历来受到中原列国的鄙视，"夷翟遇之"，如朱己对魏王所言："秦与戎、翟同俗，有虎狼之心，贪戾好利而无信，不识礼义德行。苟有利焉，不顾亲戚兄弟，若禽兽耳，此天下之所同知也。"⑦而齐与三晋、燕等中原诸侯同受华夏文化熏陶，政教、习俗和意识形态相近，又与周王室有甥舅关系，历史上齐桓公曾"九合诸侯，为五伯首，名高天下，光照邻国"⑧，因此在政治影响和号召力上略胜一筹。

---

①《战国策·齐策一》。
②《战国策·齐策一》。
③《史记》卷46《田敬仲完世家》。
④《史记》卷46《田敬仲完世家》。
⑤《史记》卷74《孟子荀卿列传》。
⑥《韩非子·初见秦》。
⑦《战国策·魏策三》。
⑧《战国策·齐策六》。

齐国的贸易发达，文化繁荣，政令宽和，对民风有很大影响，"其俗宽缓阔达，而足智，好议论，地重，难动摇"①。但另一方面，安逸、富裕的生活也带来种种弊病，如奢侈浮华、好财惜命，缺乏拼搏作战的勇气。"怯于众斗，勇于持刺"②，"齐号为怯"③。名将吴起曾议论道："夫齐性刚，其国富，君臣骄奢而简于细民；其政宽而禄不均，一陈两心，前重后轻，故重而不坚。"④荀子亦曰："齐人隆技击，其技也，得一首者则赐赎锱金，无本赏矣。是事小敌毳则偷可用也，事大敌坚则涣焉离耳，若飞鸟然，倾侧反复无日，是亡国之兵也，兵莫弱是矣，是其去赁市佣而战之几矣。"⑤

2. 秦国。其统治重心在关中平原，自然条件非常丰饶，边境又有黄河与秦岭为天然屏障，有利于国防。如苏秦对秦王所称："大王之国，西有巴、蜀、汉中之利，北有胡貉、代马之用，南有巫山、黔中之限，东有肴、函之固。田肥美，民殷富，战车万乘，奋击百万，沃野千里，蓄积饶多，地势形便，此所谓天府，天下之雄国也。"⑥经过商鞅变法，秦之国势蒸蒸日上，"行之十年，秦民大说，道不拾遗，山无盗贼，家给人足。民勇于公战，怯于私斗，乡邑大治"⑦。对外作战屡屡获胜。秦孝公十九年（前342年），"天子致

---

①《史记》卷129《货殖列传》。
②《史记》卷129《货殖列传》。
③《史记》卷65《孙子吴起列传》。
④《吴子·料敌》。
⑤《荀子·议兵》。
⑥《战国策·秦策一》。
⑦《史记》卷68《商鞅列传》。

伯"①。《史记正义》注曰："伯，音霸，又如字。孝公十九年，天子始封爵为霸。"秦昭王曾与齐闵王并立为"西帝""东帝"。

秦在东境与魏国的西河、上郡相连，南与楚国隔秦岭相持。《史记》卷5《秦本纪》载："楚、魏与秦接界。魏筑长城，自郑滨洛以北，有上郡。楚自汉中，南有巴、黔中。"马陵之战以后，秦把握时机，利用魏国衰弱的形势，逐渐夺回了河西故地，与三晋以黄河、崤函为界。

秦国民风质朴刚劲，又受严刑酷法及军功赐爵、田宅的威逼利诱，所以遵从政令，作战勇猛。吴起曾指出："秦性强，其地险，其政严，其赏罚信，其人不让，皆有斗心，故散而自战。"②荀子亦称："秦人其生民也陋陋，其使民也酷烈，劫之以势，隐之以陋，忸之以庆赏，鳍之以刑罚，使天下之民所以要利于上者，非斗无由也。陋而用之，得而后功之，功赏相长也。五甲首而隶五家，是最为众强长久，多地以正。故四世有胜，非幸也，数也。故齐之技击，不可以遇魏氏之武卒；魏氏之武卒，不可以遇秦之锐士。"③秦国风俗之弊，主要在于文化、教育落后，杂有"戎狄之俗"，并如荀子所说的"无儒"④。后人常言："关西出将，关东出相。"秦国虽然良帅辈出，但是缺乏有学识的政治、外交人才。不过秦屡屡从外邦引入客卿，像商鞅、张仪、范雎、李斯等，弥补了这方面的不足。

---

①《史记》卷5《秦本纪》。
②《吴子·料敌》。
③《荀子·议兵》。
④《荀子·强国》。

3．楚国。楚在七雄中疆域最广，《战国策·楚策一》曰："楚地西有黔中、巫郡，东有夏州、海阳，南有洞庭、苍梧，北有汾陉之塞、郇阳。地方五千里，带甲百万，车千乘，骑万匹，粟支十年，此霸王之资也。"楚全盛时在威王至怀王初年，领土东至于海，东北抵淮泗之间；北达河南太康、襄城、鲁山；西到秦岭以南的汉中，及川东、三峡；南至五岭、两广。其疆域包括长江中下游、淮河与珠江流域，几乎统一了整个南方。《淮南子·兵略训》曰："昔者楚人地，南卷沅、湘，北绕颍、泗，西包巴、蜀，东裹郯、邳。颍、汝以为洫，江、汉以为池，垣之以邓林，绵之以方城。山高寻云，溪肆无景，地利形便，卒民勇敢……楚国之强，大地计众，中分天下。"楚悼王任用吴起执政，革除旧弊，富国强兵，"于是南平百越，北并陈蔡，却三晋，西伐秦，诸侯患楚之强"①。楚威王曾南征破越，北败强齐于徐州。楚怀王曾被诸侯推举为抗秦合纵联盟的"纵约长"。楚和齐、秦一样，强于燕、韩、赵、魏，具有称霸或称帝的实力与野心。如时人所称："天下未尝无事也，非从（纵）即横也。横成，则秦帝；从（纵）成，则楚王。"②

和齐、秦相比，楚国的弱点在于疆域虽大，但人口密度较低，而且经济开发与贸易相对落后，富裕程度不高。如司马迁所说："楚越之地，地广人希，饭稻羹鱼，或火耕而水耨……地势饶食，无饥馑之患，以故呰窳偷生，无积聚而多贫。是故江淮以南，无冻饿之

①《史记》卷65《孙子吴起列传》。
②《战国策·秦策四》。

人，亦无千金之家。"①由于生产和商业不够发达，物价较高，苏秦曾感叹说："楚国之食贵于玉，薪贵于桂，谒者难得见如鬼，王难得见如天帝。"②张仪也认为："楚虽有富大之名，其实空虚；其卒虽众多，言而轻走易北，不敢坚战。"③吴起变法失败后，楚国的政治日趋腐败，法制紊乱，对其军事作战也有消极的作用。当时兵家分析说："楚性弱，其地广，其政骚，其民疲，故整而不久。击此之道，袭乱其屯，先夺其气，轻进速退，弊而劳之，勿与争战，其军可败。"④楚人之俗，轻剽顽急，战时勇于攻取而拙于守御，以故国家未亡而郢都先后被吴、秦袭破。

对比齐、秦、楚的地理位置，齐国具有一个明显的不利因素，就是作战的回旋余地较小。这三个国家的领土都内向中原，秦、楚两国外临周边地区，由于战国夷狄势力的衰弱，它们所受的威胁并不大，在对中原用兵受阻或时机不够成熟的情况下，还可以转而向外扩张，增强自己的国力。例如：公元前316年，秦国君臣经过争论，决定暂不进攻韩国，南下灭亡了有"天府"之称的巴蜀。"蜀既属，秦益强富厚，轻诸侯"⑤楚怀王虽然数次兵败于秦，但是对江南越人的作战连连获胜，开疆拓土。因此在秦陷鄢郢后，能够迁都于陈、寿春，继续组织抵抗。齐国背靠渤海，被称为"负海之国"，不仅无法在这个方向捞取领土，处于防御时且无路可退，所

---

①《史记》卷129《货殖列传》。
②《战国策·楚策三》。
③《战国策·魏策一》。
④《吴子·料敌》。
⑤《战国策·秦策一》。

以必须尽量采取攻势，以免陷入绝境。如《商君书·兵守篇》所言："负海之国贵攻战。"

第二，枢纽地带。

军事地理学上的"枢纽区域"，也叫做"锁钥地带"，指的是处于交通要道，在对立作战的双方或数方中间的"兵家必争之地"。其地理位置十分重要，夺取、控制了这一区域，可以阻挡敌方的进击，使自己能够向几个战略方向运动兵力，获得战争的主动权。战国中期的枢纽区域，由位居中原腹地的韩、魏两国构成。下面概述两国的情况：

1. 魏国。魏在"徐州相王"之时，主要疆域在豫东、冀南豫北平原及晋西南河谷盆地，分布于黄河中游南北两岸，与韩地错处其间。黄河以西虽屡失地于秦，当时还保有西河、上郡的部分领土，以及崤函北道的最后几个据点——陕、曲沃、焦。《汉书》卷28下《地理志下》载魏地："其界自高陵以东，尽河东、河内，南有陈留及汝南之召陵、澷强、新汲、西华、长平，颍川之舞阳、郾、许、鄢陵，河南之开封、中牟、阳武、酸枣、卷，皆魏分也。"国土西接秦、韩，北临赵，东拒齐境，南面与楚交界。魏国由于地多平原，农业资源丰富，人口密集，"然而庐田庑舍之数，曾无所刍牧牛马之地。人民之众，车马之多，日夜行不休已，无以异于三军之众"[1]。

2. 韩国。国土分布于豫西和豫南的丘陵山地、晋南谷地，以

---

[1]《战国策·魏策一》。

及国都新郑所在的豫东平原。"韩地，角、亢、氐之分野也。韩分晋得南阳郡及颍川之父城、定陵、襄城、颍阳、颍阴、长社、阳翟、郏，东接汝南，西接弘农得新安、宜阳，皆韩分也。"[①]苏秦曰："韩北有巩、洛、成皋之固，西有宜阳、常阪之塞，东有宛、穰、洧水，南有陉山，地方千里，带甲数十万。"[②]

　　韩、魏两国的特点，首先是处于东亚大陆的中心，控制了当时中国几条重要的水陆交通干线。如通往东西方的陆路有：（1）豫西走廊，西端的重镇阴晋、陕、焦、曲沃属魏，宜阳和东端的成皋、荥阳与管属韩。（2）晋南豫北通道，其西端的少梁（临晋）、蒲坂、皮氏，东端的宁、共、汲属魏，中段的上党、轵道分属韩、魏。连接南北方的大道则由燕赵南下，进入魏地的邺、朝歌，渡过黄河，经韩之管城（今河南省郑州市）、国都郑（今河南省新郑市），直赴楚国的方城。魏都大梁，居豫东平原，所以交通便畅，无往而不利。"地四平，诸侯四通，条达辐辏，无有名山大川之阻。从郑至梁，不过百里；从陈至梁，二百余里。马驰人趋，不待倦而至"[③]。联系全国两大经济区域——关中与山东的水路，是由渭水入黄河，历二门、孟津，到达韩之荥阳、魏之延津，黄河中游河段两岸多是韩、魏领土，几处重要渡口如陕津、武遂、河阳、白马俱在其内。荥阳又是黄河与济水的分流之处。自魏惠王开凿鸿沟运河，将济水与汝水、泗水、淮水联结起来，河淮之间形成了一个巨大的水运

---

①《汉书》卷28下《地理志下》。
②《战国策·韩策一》。
③《战国策·魏策一》。

交通网，韩之荥阳与魏之大梁都是总绾几条河道的枢纽。从那里出发，既能溯河而上，进入秦境，又可以沿黄河、济水或鸿沟诸渠，到达山东与江南各地。如《史记》卷29《河渠书》所言：

> 荥阳下引河东南为鸿沟，以通宋、郑、陈、蔡、曹、卫，与济、汝、淮、泗会。于楚，西方则通渠汉水、云梦之野，东方则通沟江淮之间。于吴，则通渠三江、五湖。于齐，则通菑、济之间。

因为韩、魏特殊的地理位置，在交通方面具有极高的战略价值，而国家的兵力又不够强大，所以引起了政治家、军事家的瞩目，成为战国中叶几大强国争夺、控制的热点，被认为是"中国之处而天下之枢也"[①]。

其次是综合实力略弱于齐、秦、楚等强国。南宋学者洪迈曾曰："魏承文侯、武侯之后，表里山河，大于三晋，诸侯莫能与之争。而惠王数伐韩、赵，志吞邯郸，挫败于齐，军覆子死，卒之为秦所困，国日以蹙，失河西七百里，去安邑而都大梁，数世不振，讫于殄国。"[②]张仪则称："魏地方不至千里，卒不过三十万人。"[③]韩国的疆域在七雄当中最小，而且多山，土地瘠薄，不利于种植业的发展，国家亦因此贫弱。如张仪游说韩王所言："韩地险恶，山居，五谷所生，非麦而豆；民之所食，大抵豆饭，藿羹；一岁不收，民不厌糟糠；地方不满九百里，无二岁之所食。料大王之卒，悉之不过三十万，而厮徒负养在其中矣，为除守徼、亭、障、塞，见卒不过二十万而已矣。"①

再次，韩、魏两国因位于天下之中，四面受敌，尤其是被齐、秦、楚三强包围，在军事上处于十分不利的形势，使本来不足的兵力更加捉襟见肘。例如《韩非子·存韩》曾言："夫韩，小国也，而以应天下四击，主辱臣苦，上下相与同忧久矣。"《战国策·魏策一》曰："（梁）南与楚境，西与韩境，北与赵境，东与齐境，卒戍四方，守亭障者参列。粟粮漕庾，不下十万。魏之地势，故战场也。魏南与楚而不与齐，则齐攻其东；东与齐而不与赵，则赵攻其北；不合于韩，则韩攻其西；不亲于楚，则楚攻其南。此所谓四分五裂之道也。"魏武侯亦云："今秦胁吾西，楚带吾南，赵冲吾北，齐临吾东，燕绝吾后，韩据吾前。六国兵四守，势甚不便，忧此，奈何？"②韩、魏的较弱国力与地理特点造成了它们在群雄割据混战中的被动，在军事战略上不得不注重守备，较多地采取防御的做法，《商君书·兵守》曾详细论证了这个问题③，总结说："四战之国，

---

① 《战国策·韩策一》。
② 《吴子·料敌》。
③ 《商君书·兵守》："四战之国，贵守战；负海之国，贵攻战。四战之国，好举兴兵以距四邻者，国危。四邻之国一兴事，而己四兴军，故曰国危。四战之国，不能以万室之邑舍巨万之军者，其国危。故曰：四战之国，务在守战。"

务在守战。"从史实来看，若无大国支持，韩、魏尚不具备与其他强国（齐、秦、楚）对抗的能力。公元前318年，以三晋为主的五国合纵攻秦遭到失败，就表明了这一点。

另次，由于韩、魏四面临敌，国力较弱，在复杂激烈的兼并战争中，不得不注重审时度势，结交和依托强国，以求生存发展。韩、魏重要的地理位置和数十万兵力，使之对周围邻国的安全及争霸扩张具有重大影响，与其联盟，力图控制和利用韩、魏，被当做这些国家军事外交政策的基本方针。故此，韩、魏所在的枢纽地带是这一历史阶段列国纵横捭阖的政治外交活动中心，并成为"合纵""连横"思想的发源地。

战国时期的纵横家多出于韩、魏，司马迁曾说："三晋多权变之士，夫言从（纵）横强秦者，大抵皆三晋之人也。"[1]如张仪、公孙衍、范雎、姚贾，苏秦与苏代、苏厉兄弟（周人，国土被韩包围）。刘师培《南北文学不同论》亦称："春秋以降，诸子并兴……故河北、关西，无复纵横之士。韩、魏、陈、宋，地界南北之间，故苏、张之横放（原注：苏秦为东周人，张仪为魏人），韩非之宕跌（原注：非为韩人），起于其间。"这既取决于当时险恶多变的国际形势，也和当地居民善于机巧权诈的风俗对政治的影响有关[2]。

第三，偏离地带。

由燕、赵、中山等国组成。这些国家的地理位置偏北，南面受

---

[1]《史记》卷70《张仪列传》。
[2]《汉书》卷51《邹阳传》："邹鲁守经学，齐楚多辩知，韩魏时有奇节。"《战国策·秦策三》载秦王曰："寡人欲亲魏，魏多变之国也，寡人不能亲。"

到韩、魏的阻隔，离秦、楚两大强国较远，紧邻齐国，在军事、政治与外交上与齐之关系密切。当时战争发生最频繁、激烈的地段，是霸国地带（齐、秦、楚）与枢纽地带（韩、魏）的交界沿线，以及秦、楚间和齐、楚间的边界。相对来说，燕、赵、中山偏离大国军事冲突的热点区域，本身实力又比较弱，只是附从诸强，在政治舞台上扮演着三流角色。直到这一历史阶段临近结束时，齐、楚两国皆衰，赵国吞并中山，北夺胡地，成为与秦抗争的新强国。燕国虽然借助诸侯联军一度灭亡、占领了齐地，但数年后又被田单打败，退回本土，形势依然故我。下面分别概述：

1. 燕国。燕国都蓟（今北京市西南），其领土有今冀北和辽宁西南部，兼有山西省东北一角。苏秦曰："燕东有朝鲜、辽东，北有林胡、楼烦，西有云中、九原，南有呼沱、易水。地方二千余里，带甲数十万，车七百乘，骑六千匹，粟支十年。"[①]燕国东及北边邻近东胡诸部，南面临海，部分疆域交界齐、中山，西边与赵接壤。燕国远离中原，战事稀少。"夫安乐无事，不见覆军杀将之忧，无过燕矣"[②]。但因生产和贸易不够发达，国力在七雄中显得最为弱小。如苏代曰："凡天下之战国七，而燕处弱焉。"[③]由于两个近邻——齐、赵均强于自己，所以燕国最为重视对这两国的关系。如时人所称："燕，弱国也，东不如齐，西不如赵，岂能东无齐、西无赵哉。"[④]

---

① 《战国策·燕策一》。
② 《战国策·燕策一》。
③ 《战国策·燕策一》。
④ 《战国策·燕策一》。

在列国的纵横兼并斗争中，燕国是齐、赵觊觎的目标，齐宣王曾乘燕内乱，出兵占领了该地，但迫于当地居民的反抗而撤兵。其余诸国则把燕看作争取结盟的对象，苏代说燕，"独战则不能，有所附则无不重。南附楚则楚重，西附秦则秦重，中附韩、魏则韩、魏重"①。尤其是秦国注意联燕，将它作为牵制自己主要敌手——齐国的力量。

2. 中山。中山是白狄鲜虞部族所建的国家，位于太行山以东的冀中平原，西、南与赵国相邻，东界齐，北临燕。战国前期，中山曾被魏将乐羊、吴起率军攻灭，但后来又得以复国。其地约方五百里②，资源并不丰富，属于"千乘之国"，兵力却很强劲，保持了原来游牧民族勇猛善战的风俗。郭嵩焘言："中山前后百二十年，与燕、赵交兵争胜为强国。及周显王四十六年，燕、韩、宋相与称王，中山与焉。"③在处于燕、赵两国夹击的不利形势下，中山依托齐国与之对抗，屡有胜绩。赵武灵王曾曰："先时中山负齐之强兵，侵掠吾地，系累吾民。"④中山还积极参与了当时的"合纵""连横"活动，如"五国相王""五国伐秦"等等。但是终因实力有限，经受不住赵国的长期进攻而被其兼并⑤。

3. 赵国。拥有陕北一部，晋中及晋东北、东南部分，冀南平

---

① 《战国策·燕策一》。
② 《战国策·秦策三》："且昔者，中山之地方五百里，赵独擅之。"
③ （清）王先谦撰，吕苏生补释：《鲜虞中山国事表、疆域图说补释·原序》，第5页。
④ 《战国策·赵策二》。
⑤ 《战国策·赵策二》："赵以二十万众攻中山，五年乃归。"

原和鲁西、豫北一角。赵武灵王曰："吾国东有河、薄洛之水，与齐、中山同之，无舟楫之用。自常山以至代、上党，东有燕、东胡之境，而西有楼烦、秦、韩之边，今无骑射之备。"①此后经过"胡服骑射"的军事改革，灭中山，伐诸胡，国势转强。其全盛时领土："北有信都、真定、常山、中山，又得涿郡之高阳、鄚、州乡；东有广平、钜鹿、清河、河间，又得渤海郡之东平舒、中邑、文安、束州、成平、章武，河以北也；南至浮水、繁阳、内黄、斥丘；西有太原、定襄、云中、五原、上党。上党，本韩之别郡也，远韩近赵，后卒降赵，皆赵分也。"②赵国因为地近北边，常与游牧民族发生战斗，有着尚武轻文、骁勇乐战的民风。司马迁曾说："种、代，石北也，地边胡，数被寇。人民矜懻忮，好气，任侠为奸，不事农商……其民羯羠不均，自全晋之时固已患其僄悍，而武灵王益厉之。"③但也浸染胡族的散漫轻浮、贪利贱义之风俗，不利于国家的巩固及法令贯彻，阻碍其进一步发展。班固说赵、中山，"犹有沙丘纣淫乱余民。丈夫相聚游戏，悲歌忼慨，起则椎剽掘冢，作奸巧，多弄物，为倡优"④。韩非亦称："赵氏，中央之国也，杂民所居也。其民轻而难用也。号令不治，赏罚不信，地形不便，下不能尽其民力，彼固亡国之形也。"⑤

---

①《史记》卷43《赵世家》。
②《汉书》卷28下《地理志下》。
③《史记》卷129《货殖列传》。
④《汉书》卷28下《地理志下》。
⑤《韩非子·初见秦》。

赵国地理方面的缺憾，一是统治中心所在的冀中、冀南平原，土壤较为贫瘠，农业资源不够丰富。如班固所言："赵、中山地薄人众。"①二是周围的齐、魏、燕、韩与其国力相侔，甚至超过了自己，是以难于向外扩张，尤其是向中原地区的进攻，屡屡被魏国所阻，限制了它的发展。《战国策·燕策三》载燕国使者曰："臣闻全赵之时，南邻为秦，北下曲阳为燕，赵广三百里，而与秦相距五十余年矣，所以不能反胜秦者，国小而地无所取。"赵武灵王南下东进不成，只得北伐胡地，向周边地区开拓。尽管曾"逾九限之固，绝五径之险，至榆中，辟地千里"②，但多为荒漠少人之地，得之不足以强国。

韩、楚两国近魏，为了利用其背后的赵国来牵制和削弱魏国，它们经常对赵进行结好和支援。据《史记》卷15《六国年表》所载，公元前322年五国相王时，韩宣惠王曾与太子往朝赵，后又与赵武灵王盟于区鼠（河北某地），公元前321年，赵武灵王"取韩女为夫人"。在战国历史上，楚曾多次出兵救赵③。而秦则屡次拉拢赵国，意图打击和自己没有共同边界的齐国。

第四，破碎地带。

位于淮河以北、泰山以南，古代豫、兖、徐三州交界地域的诸

---

① 《汉书》卷28下《地理志下》。
② 《战国策·赵策二》。
③ 楚救赵之事，参见《战国策·楚策一》魏攻邯郸，"楚因使景舍起兵救赵，邯郸拔，楚取睢、濊之间"。《战国策·齐策五》："魏王身被甲底剑，挑赵索战。邯郸之中鹜（惊），河山之间乱……赵氏惧，楚人救赵而伐魏，战于州西，出梁门，军舍林中，马饮于大河。赵得是藉也，亦袭魏之河北，烧棘沟，队（坠）黄城。"

多小国。它们主要分布在泗水流域附近，如《史记》卷5《秦本纪》孝公元年所载："淮泗之间小国十余。"包括宋、鲁、卫、邹、薛、郳、莒、滕、杞、任、郯等等，亦称为"泗上十二诸侯"。这一地带多是平原旷野，土壤肥沃，河流湖泊纵横交织，拥有丰富的农业资源。司马迁曰："邹、鲁滨洙、泗，犹有周公遗风，俗好儒，备于礼，故其民龊龊，颇有桑麻之业……夫自鸿沟以东，芒、砀以北，属巨野，此梁、宋也。陶、睢阳亦一都会也。昔尧作于成阳，舜渔于雷泽，汤止于亳。其俗犹有先王遗风，重厚多君子，好稼穑。"①但在政治上，这些诸侯皆为小国寡民，军事力量相当衰弱。战国前期，淮泗之间先后受到越人与楚人北伐、魏人东进和齐师南下，多次被诸强宰割兼并，或者沦为附庸，朝聘纳贡，服从军役。例如，"梁君伐楚胜齐，制赵、韩之兵，驱十二诸侯以朝天子于孟津"②。齐威王曾曰："吾臣有檀子者，使守南城，则楚人不敢为寇东取，泗上十二诸侯皆来朝。"③《史记索隐》注："郳、莒、宋、鲁之比。"淮泗诸小国因为屡受侵略，其城邑往往错置于齐、楚领土之间，分割零碎，所以笔者试称其为"破碎地带"。

　　这一地带中宋、鲁、卫是周初分封的旧日望国，号称"千乘"。其中宋的实力略强，它地处今豫东、鲁南与苏北平原交接处，如墨子所言："荆之地方五千里，宋方五百里。"④战国时宋在彭城（今

---

①《史记》卷129《货殖列传》。
②《战国策·秦策五》。
③《史记》卷46《田敬仲完世家》。
④《战国策·宋卫策》。

江苏省徐州市）建都，并拥有东方著名的商业都市——陶，号称为"天下之中"。农业、手工业和商业都较为发达，亦有一定兵力，曾被誉为"五千乘之劲宋"①。

战国中叶，淮泗流域是齐楚两强争夺激烈的焦点，众多小国亦如随风之草，叛服无常。《战国策·齐策一》曰："楚将伐齐，鲁亲之，齐王患之。"经过张丐的游说，鲁君即改变态度。《战国策·宋卫策》亦云："宋与楚为兄弟，齐攻宋，楚王言救宋，宋因卖楚重以求讲于齐。"宋王偃时势力有所发展，曾助齐攻魏，并向东北扩张，《史记》卷38《宋微子世家》载："君偃十一年（前318年），自立为王。东败齐，取五城；南败楚，取地三百里；西败魏军，乃与齐、魏为敌国。"《战国策·宋卫策》亦载宋康王（偃）："灭滕伐薛，取淮北之地。"至公元前286年，宋被齐国灭掉。乐毅率五国联军败齐后，宋之故地被楚、魏瓜分。

从战国中叶中国政治力量的分布态势来看，首先，齐、秦、楚三强之间实力相对均衡，并无绝对把握战胜对手。由于数强并立，统一条件尚未成熟，任何一国要想吞并邻国，都会遭到其他数国的联合抵制与阻击，难以一举成功。既然兼并天下的时机未到，齐、秦、楚等强国都先奉行徐图进展、谋求霸权的策略。一方面，胁迫或拉拢其他中小国家加入本方阵营，以壮大力量，形成对敌优势。另一方面，通过蚕食邻土以增强国力，打击并削弱争霸对手。待到时机成熟，再来扫清寰宇，一统海内。所以这一历史阶段列强之间

① 《战国策·燕策一》。

交战的动机仍是争夺霸权，直到乐毅灭齐、白起陷郢之后，秦国独霸天下，才开始进行统一六国的战争。

三、强国争霸战略的地理分析

首先从地理角度来分析，战国中期的军事冲突里，最为强盛的齐、秦、楚国在作战方向和兵力投入上有何共同性。显而易见，它们都把中原地区作为自己的主要进攻方向，这三个大国的领土在地理空间上形成了一个巨大的弧形，对三晋、燕、中山、宋和淮泗诸小国构成了半包围的状态。在强国之间势均力敌的情况下，它们的生存、发展在很大程度上有赖于能否操纵这一地区的政治势力，向中原进军扩张是这些国家的基本战略方针。另一方面，因为齐、秦、楚三国在地理位置和环境方面各有自己的特点，这对它们的兵力部署和主要进攻方向的选择具有不同影响。另外，各国统治集团关于上述问题的主观判断也有正确和失误的区别，这些因素都对其争霸战争的成败起到了重要作用。下面进行具体分析。

（一）对枢纽地带（韩、魏）的争夺

如前文所述，由于韩、魏所在的枢纽地带具有特殊的、重要的战略价值，对于齐、秦、楚国来说，打败对手，确立自己的优势地位之关键，就在于是否能够控制和利用韩、魏两国，当时明智的政治家和统帅都这样认为。如甘茂言："楚、韩为一，魏氏不敢不听，

是楚以三国谋秦也，如此则伐秦之形成矣。"①范雎对秦王曰："今韩、魏，中国之处而天下之枢也。王若欲霸，必亲中国而以为天下枢，以威楚、赵。赵强则楚附，楚强则赵附。楚、赵附则齐必惧，惧必卑辞重币以事秦。"②顿子也说："韩，天下之咽喉；魏，天下之胸腹。王资臣万金而游，听之韩、魏，入其社稷之臣于秦，即韩、魏从。韩、魏从，而天下可图也。"③

耐人寻味的是，在齐、秦、楚三强实力相侔的情况下，任何一方都无法消灭韩、魏，兼并其领土。韩、魏受到大举进攻，通常会向其他强国求助，而后者不愿让自己的争霸对手夺取这块战略要地，往往发兵支援。如说客献书于秦王曰："梁者，山东之要（腰）也。有蛇于此，击其尾，其首救；击其首，其尾救；击其中身，首尾皆救。今梁王，天下之中身也。秦攻梁者，是示天下要（腰）断山东之脊也，是山东首尾皆救中身之时也。"④诸侯救兵到来后，即能扭转战局的不利，迫使来犯者撤军休战。如公元前312年，"楚围雍氏五月，韩令使者求救于秦，冠盖相望也……（秦）果下师于殽以救韩"⑤。迫于齐、秦、楚国力之间的相对均衡，它们只能选择联合而不是消灭韩、魏的策略。如果能够迫使韩、魏加入自己的阵营，不仅可以壮大己方的军事力量，打破均势，还能在部队的运动和部署上构成有利的态势，迅速、顺畅地开赴敌境，甚至进

①《战国策·韩策二》。
②《战国策·秦策三》。
③《战国策·秦策四》。
④《战国策·魏策四》。
⑤《战国策·韩策二》。

行多点攻击，使对方腹背受敌，难以应付。特别是争霸的两个主要对手——齐、秦之间没有共同边界，只有假道韩、魏才能交锋，如"秦假道韩、魏以攻齐，齐威王使章子将而应之"①。苏秦曰："夫齐威、宣，世之贤主也，德博而地广，国富而用民，将武而兵强。宣王用之，后富（逼）韩威魏，以南伐楚，西攻秦。"②另外，韩、魏又是他们抗御对手的屏障，司马光曾云："夫三晋者，齐、楚之藩蔽；齐、楚者，三晋之根柢；形势相资，表里相依。"③事实上，在这一历史阶段三强争霸的战争中，得到韩、魏支持的一方往往在激烈的角逐中获胜，例如：

（1）公元前313—前312年，秦国联合韩、魏，与齐、楚、宋三国作战。秦利用韩、魏挡住了齐、宋的攻势，并大败楚国。蓝田之战若非韩、魏袭击楚国后方，秦难以取胜。

（2）公元前303—前299年，齐挟韩、魏对抗秦、楚、赵国，亦屡屡打败敌手。《战国纵横家书·八》曰："薛公相齐也，伐楚九岁（当作五岁），攻秦三年，欲以残宋，取淮北。"迫使秦国退地求和，并在垂沙之役中大胜楚军，攻占了大片领土。

（3）公元前288—前287年，齐国主持五国伐秦。迫于其声势，秦未敢应战，再次退地于三晋，以求息兵。宋也被齐国灭亡。

（4）公元前285—前284年，秦国得到韩、魏的附从，能够假道出兵，攻占齐地，又操纵五国联军伐齐，大获全胜，打败并削弱了

①《战国策·齐策一》。
②《战国策·赵策二》。
③《资治通鉴》卷7秦始皇帝二十六年臣光曰。

齐国，使之不再成为抗秦的主力，彻底退出了竞争行列。

下面对齐、秦、楚等强国对韩、魏采用的控制方法进行分析：

1. 诸强控制韩、魏的各种手段。韩、魏与诸强之间无信义可言，所谓朝秦暮楚、反复无常者。《战国策·赵策一》曰："日者秦、楚战于蓝田，韩出锐师以佐秦。秦战不利，因转与楚。不固信盟，唯便是从。"秦王曾说："魏，多变之国也，寡人不能亲。"①当时人们对韩、魏的背盟欺诈已经熟视无睹，甚至说："三晋百背秦，百欺秦，不为不信，不为无行。"②为了操纵这两个国家的政治，确保韩、魏留在自己的阵营，齐、秦、楚三强采取了以下措施：

（1）置相。派遣本国的贵族、近臣到韩、魏出任宰相，以影响该国的政策。如秦曾遣张仪相魏，樗里疾相韩；楚遣昭献相韩；齐曾遣田文、周最相魏。他们在执政中带有明显的倾向，如《战国策·魏策二》所述："苏代为田需说魏王曰：'臣请问（田）文之为魏，孰与其为齐？'王曰：'不如其为齐也。'"

（2）质子。强迫对方提供人身抵押。魏国在马陵之战失败后，被迫使太子鸣质于齐。《战国策·魏策二》载秦、楚共攻魏国，围皮氏，"（楚）乃倍秦而与魏，魏内太子于楚"。《战国策·秦策五》曰："楼虒约秦、魏，魏太子为质。"韩曾有太子仓质于秦，公子虮虱等人质于楚。

（3）立储。扶植某位公子担任王储，以培养亲己的政治势力。如魏惠王年迈，太子鸣质于齐；楚欲扶植公子高为储，以密切两国

①《战国策·秦策三》。
②《战国策·秦策二》。

关系，抵消齐国的影响。朱仓说服齐相田婴送太子鸣回国。"魏王之年长矣，今有疾，公不如归太子以德之。不然，公子高在楚，楚将内而立之，是齐抱空质而行不义也"①。《史记》卷45《韩世家》亦载韩襄王十二年，"太子婴死，公子咎、公子虮虱争为太子。时虮虱质于楚。苏代谓韩咎曰：'虮虱亡在楚，楚王欲内之甚……'"

（4）伙同韩、魏侵略他国，进行分赃。这样可以一举两得，用他国领土使自己和韩、魏同时得到好处，以达到拉拢目的。如张仪说韩王曰："今王西面而事秦以攻楚，为鄙邑秦王必喜。夫攻楚而私其地，转祸而说秦，计无便于此者也。"②齐国也屡次挟韩、魏攻楚，并把占领的许多土地给予韩、魏。

（5）尽量拆散韩、魏与对手的联盟。运用游说、欺诈等方法，促使韩、魏附从自己，从争霸对手的军事集团中脱离出来，以削弱敌人的力量。这一历史阶段内，韩、魏在三强之间左右摇摆，时叛时合，很大程度上是受到它们外交活动的影响。

齐、秦、楚通过以上手段，辅以武力的威胁，曾先后迫使韩、魏加入过本国所在的军事集团，在争霸角逐中获得过主动地位。

2. 秦国为争夺韩、魏所采取的特殊手段。在三强争夺韩、魏的激烈斗争里，秦国能够击败齐、楚，最终控制了枢纽地带，是因为它另外采取了某些和齐、楚两国不同的政治措施，因此收到了满意的效果。例如：

（1）招诱韩、魏贫民。韩、魏耕田面积不足，秦国则地广人

①《战国策·魏策二》。
②《战国策·韩策一》。

稀，因此接受了说士的建议，利用自己的有利条件，用田宅、复除等种种优惠来吸引三晋移民入秦，以削弱韩、魏，增强本国实力。如商鞅所言："今秦之地，方千里者五，而谷土不能处什二，田数不满百万，其薮泽、溪谷、名山、大川之材物货宝，又不尽为用，此人不称土也。秦之所与邻者，三晋也；所欲用兵者，韩、魏也。彼土狭而民众，其宅参居而并处；其寡萌贾息，民上无通名，下无田宅，而恃奸务末作以处；人之复阴阳泽水者过半。此其土之不足以生其民也，似有过秦民之不足以实其土也……今利其田宅而复之三世，此必与其所欲而不使行其所恶也。然则山东之民无不西者矣。"①

（2）蚕食其领土。鉴于大举进攻韩、魏往往会遭到齐、楚援兵的反击，秦国采取了逐步缓进的战略，一点点地侵蚀其领土。如须贾对魏冉所言："夫秦贪戾之国而无亲，蚕食魏，尽晋国，战胜暴子，割八县，地未毕入而兵复出矣。"②特别值得注意的是，秦国占领韩、魏领土后，经常玩弄交换或退还部分土地的手法，以拉拢两国留在自己的阵营之内，这种欺骗伎俩时有收效。例如，"秦惠王十年，使公子华与张仪围蒲阳，降之。（张）仪因言秦复与魏，而使公子繇质于魏。仪因说魏王曰：'秦王之遇魏甚厚，魏不可以无礼。'魏因入上郡、少梁，谢秦惠王"③。《史记》卷44《魏世家》载秦惠王时攻占了魏国的汾阴、皮氏、曲沃和焦，后将曲沃与焦归

①《商君书·徕民》。
②《战国策·魏策三》。
③《史记》卷70《张仪列传》。

魏。秦武王时攻克韩国重镇宜阳后，为了防止韩倒向齐、楚，就把武遂退与韩国，三年后又出兵夺回①。

（3）迁徙移民。秦国攻占韩、魏一些重要领土后，将原地的被征服居民逐出，又把本国释放的囚犯、奴隶迁到那里居住，以巩固当地的统治。如秦惠文王十三年，"使张仪伐取陕，出其人与魏"②。秦昭王二十一年，"（司马）错攻魏河内，魏献安邑，秦出其人，募徙河东赐爵，赦罪人迁之"③。秦昭王三十四年，"秦与魏、韩上庸地为一郡，南阳免臣迁居之"④。《战国策·韩策一》亦载秦攻占韩宜阳后，"许公仲以武遂，反宜阳之民"。鲍彪注："取其地而还其民也。"

（4）离间韩、魏。韩、魏的联合、结盟，对秦国极为不利。故此秦多次采取挑拨离间的做法，在它们当中支持一国、打击另一国，以达到分散削弱其抵抗力量的目的。即使不直接进攻，也能坐收渔人之利。如《战国策·赵策一》所言："三晋合而秦弱，三晋离而秦强，此天下之所明也。秦之有燕而伐赵，有赵而伐燕；有梁而伐赵，有赵而伐梁；有楚而伐韩，有韩而伐楚；此天下之所明见也。"

（5）聘用韩、魏智士。在战国历史上，秦国很重视从文化发达的中原各国招贤纳士，其中以魏人居多，由商鞅到张仪、范雎、姚贾、尉缭等等，不胜枚举，这些人纷纷出任宰相、客卿等要职，他

①《史记》卷45《韩世家》："（韩襄王）五年，秦拔我宜阳，斩首六万。秦武王卒。六年，秦复与我武遂。九年，秦复取我武遂。"
②《史记》卷5《秦本纪》。
③《史记》卷5《秦本纪》。
④《史记》卷5《秦本纪》。

们熟悉本土的情况，既运用自己的聪明才智为秦之军事、外交作出许多贡献，同时又使韩、魏遭到了人才外流、减缺的损失，可谓一举两得。

秦国运用上述手段，结合军事力量的威慑，得以有效地操纵了韩、魏，打败了齐、楚这两个主要竞争对手，从群雄对峙的混乱局面中脱颖而出，独占鳌头。

（二）对主要兵力投入方向的选择

1. 齐国。战国中叶之齐东及东北濒临渤海，无从用兵，主要有南（对楚）、西（对赵）和北（对燕）三个攻防作战方向。如齐威王所言："吾臣有檀子者，使守南城，则楚人不敢为寇东取，泗上十二诸侯皆来朝。吾臣有肦子者，使守高唐，则赵人不敢东渔于河。吾吏有黔夫者，使守徐州，则燕人祭北门，赵人祭西门，徙而从者七千余家。"①在这一历史阶段，齐国和秦、楚相比，兼并的领土较少。其西境、北境基本维持原状，主要是向泰山以南的豫兖徐平原（今鲁西南平原、豫东平原、苏北平原）发展势力，开辟疆域。下面分别论述：

（1）北方。齐之北邻燕国虽然势力较弱，毕竟也是"万乘之国"，不可轻视。此外，秦为了抑制齐国，与燕联姻结好，在燕、齐对抗中给予前者支援，这使齐国在北方的用兵不得不有所顾忌。另外，齐在南方的劲敌楚国也和燕有联盟关系，如《战国策·燕策

①《史记》卷46《田敬仲完世家》。

三》曰："齐、韩、魏共攻燕，燕使太子请救于楚，楚王使景阳将而救之。"后来齐乘燕国内乱而北伐，占有其地，也是迫于外界的压力撤兵回国。所以，齐并未把燕当作主要的进攻对象。

（2）西方。齐之西境大部临赵，少许近魏。赵之实力虽不及齐，但是强于燕国。苏秦说赵，"北有燕国，燕固弱国，不足畏也"[①]。俗称："一赵尚易燕。"[②]赵人勇悍善战，从兵力上看，曾出动二十万军队征伐中山，持续五年[③]，是齐的一个强劲对手。纵横之士说赵，"尝抑强齐四十余年，而秦不能得所欲。由是观之，赵之于天下也不轻"[④]。齐若大举攻赵略地，必须聚集众多军队，并得到其他强国的支援，否则难以进展。如时人所言："齐、魏虽劲，无秦不能伤赵……秦、魏虽劲，无齐不能得赵。"[⑤]在此情况下，齐国知难而退，没有把赵当作自己的主攻方向，对燕、赵基本上采取的是维持现有边境的守御态势，如苏代所说："（齐）济西不役，所以备赵也；河北不师，所以备燕也。"[⑥]

齐在西方曾组织过几次大规模用兵，都是联合韩、魏攻秦，作战目的和投入的兵力是有限的，并不是为自己开拓疆土，而是打击和抑制主要争霸对手秦国。虽然几次领导合纵伐秦获胜，但齐国本身寸地未得，仅仅满足于迫使秦国退还侵占的部分三晋领土。齐国

①《战国策·赵策二》
②《史记》卷89《张耳陈余列传》。
③《战国策·赵策三》："赵以二十万之众攻中山，五年乃归。"
④《战国策·赵策三》。
⑤《战国策·赵策三》。
⑥《战国策·燕策一》。

所以采取这种适可而止的态度，首先是因为它不与秦国接壤，即便秦割地再多也只是增加了三晋的疆域，所以并未全力以赴。其次，齐国又不愿使秦过分削弱，让近邻韩、魏获利太多而强大起来，构成对自己的威胁。所以往往是秦一屈服求和，齐即收兵休战，而不是将秦彻底打垮。如韩庆谓主持伐秦的齐相薛公曰："'君以齐为韩、魏攻楚，九年而取宛、叶以北以强韩、魏，今又攻秦以益之。韩、魏南无楚忧，西无秦患，则地广而益重，齐必轻矣。夫本末更盛，虚实有时，窃为君危之。君不如令弊邑阴合于秦而君无攻，又无藉兵乞食……秦不大弱，而处之三晋之西，三晋必重齐。'薛公曰：'善。'因令韩庆入秦，而使三国无攻秦。"①

（3）南方。齐国的南境，是沃野千里的豫东和淮泗平原，地势空旷，并无名山大川之险阻，便于军队的运动。当地经济繁荣，饶有财富，众多小国的兵力又相当薄弱，所以在齐国看来，是最理想的进攻对象。苏秦曾劝齐王曰："伐赵不如伐宋之利……夫有宋则卫之阳城危，有淮北则楚之东国危。"②齐在马陵之战胜魏以后，长期把主要兵力投入到南方，致力于侵略和控制破碎地带，与楚国争夺淮北、泗上的弱小诸侯。如苏代所言："（齐）南面而举五千乘之劲宋，而包十二诸侯，此其君之欲得也。"③《战国纵横家书·八》亦曰："薛公之相齐也，伐楚九岁（当作五岁），攻秦三年，欲以残宋，

---

①《战国策·西周策》。
②《战国策·齐策四》。
③《战国策·燕策一》。

取淮北。"在齐国南征的强大攻势下，"泗上十二诸侯皆来朝"①。齐在这一地带与楚国的反复争夺中，通常占有上风。公元前288至前286年，齐国经过数次征伐，终于灭掉宋国，取得其豫东和淮北之地，达到南方疆域扩张的鼎盛阶段，直到闵王末年，乐毅亡齐时复失。

2. 楚国。自东向西与齐、魏、韩、秦交界，东南与越国接壤，战事频繁。楚在战国中叶的七雄里疆域最为辽阔，"荆之地方五千里"②。由于边境漫长，敌国较多，造成了兵力分散的弱点。另一方面，楚的经济发展在整体上落后于中原列国，土广人稀，"或火耕水耨。民食鱼稻，以渔猎山伐为业"③。这使军队数量和地域之间的比率较低，更增加了国防上的困难。如杜赫说楚之形势不利："东有越累，北无晋（韩、魏），而交未定于齐、秦，是楚孤也。"④楚国作战区域的分布情况如下：

（1）东方。早在春秋中叶以后，面对以齐、晋为首的华夏诸侯强大联盟，楚国的北进接连受阻，便转而向小国林立、抵抗较弱的东方开拓。兵出陈蔡，征服江淮流域，是楚国的一项基本战略。春秋战国之际，楚曾夺取了江淮间的大片领土，进至泗水流域。《史记》卷40《楚世家》曰："是时越已灭吴而不能正江、淮北，楚东侵，广地至泗上。"公元前447年楚灭蔡（今安徽省寿县北）。公元

①《史记》卷46《田敬仲完世家》。
②《战国策·宋卫策》。
③《汉书》卷28下《地理志下》。
④《战国策·楚策三》。

前445年灭杞（今山东省安丘市北）。公元前441年灭莒（今山东省莒县），势力一度进入胶东半岛。魏、齐等大国相继崛起后，东方局势严峻，迫使楚投入更多的兵力来争夺在这一地区的霸权。楚宣王、威王时，又北灭邾（今山东省邹县南）、小邾（今山东省滕县东），在徐州战役中击败齐军。不过，齐国灭薛（今山东省滕县南），将其封给田婴、田文父子后，在当地筑城置守，有效地遏止了楚国对泗上的进攻，东方的战局呈现胶着状态。李吉甫曾云："故薛城，在（滕）县东南四十三里，薛侯国也。孟尝君时，薛中六万家，其中富厚，天下无比，此田文以抗御楚、魏也。"①

　　春秋时期，楚在东方的统治区域称为"东国"②，大约在淮水南北两岸。而战国时楚之"东国"的面积更为广大，《战国策·西周策》姚宏注："东国，近齐南境者也。"其新兼并的领土又称"下东国"或"新东国"。金正炜曰："盖楚后得之东地，故或言'下'，或言'新'以别之。"③楚之东国多为平原沃野，物产丰饶，已成为新的经济重心，在楚国全境中有着十分重要的地位。《战国策·楚策二》载："昭常入见，（楚）王曰：'齐使来求东地五百里，为之奈何？'昭常曰：'不可与也。万乘者，以地大为万乘。今去东地五百里，是去战国之半也，有万乘之号而无千乘之用也，不可。臣故曰勿与。'"齐国在控制泗上以后，始终觊觎宋及楚之东国。《战国策》

① （唐）李吉甫撰，贺次君点校：《元和郡县图志》卷9《河南道五》，第228页。
② 春秋时期楚"东国"的记载可参见《左传·昭公四年》、《左传·昭公十四年》、《国语》卷19《吴语》。
③ 诸祖耿撰：《战国策集注汇考》卷17《楚策四》，第835页。

中《西周策》《齐策三》《楚策四》均有齐率韩、魏攻楚东国和胁楚强索东国的记载。为了保卫这块领土，楚国需要在当地部署大量兵力。另外，由于当时西邻秦国的强盛，以及北部战线过于宽阔，难以扩张的局势，楚仍然选择了东方作为它采取攻势的主要战略方向。楚在屡挫于秦后还与秦国结盟，原因就是考虑到在东方与齐的尖锐对立，同意与秦连横、分兵东进的战略构想。如张仪所称："秦下兵攻卫、阳晋，必开扃天下之匈。大王悉起兵以攻宋，不至数月而宋可举。举宋而东指，则泗上十二诸侯，尽王之有已。"[1]楚国东地的壮丁全部数量，有三十余万[2]。

（2）北方。战国之初，楚在北方的强敌晋国正值内乱，三家灭智伯后各自巩固政权，未暇旁顾。楚国得以北上中原，夺取郑、宋土地，乃至黄河之滨。但三晋迅速崛起，韩、魏兵进河南后，楚师数次战败，丢失了大梁、榆关以及豫东、豫南等许多领土，形势转为不利。楚悼王时任吴起为令尹，改革政治，振兴军旅，曾经"南平百越，北并陈蔡，却三晋，西伐秦"[3]，局面有所改观，但旋因吴起被杀而恢复旧状。马陵之战后，魏国势力衰弱，楚乘机北伐获胜。楚怀王初年，"昭阳为楚伐魏，覆军杀将，得八城"[4]。魏随即附从齐国，楚仍未能取得很大进展。由于楚在方城之外的北部防线横贯千里，作战正面过于宽大，兵力部署比较分散，如果在一处集中

---

① 《战国策·楚策一》。
② 《战国策·楚策二》："齐使人以甲受东地，昭常应齐使曰：'我典主东地，且与生死。悉五尺至六十，三十余万，弊甲钝兵，愿承下尘。'"
③ 《史记》卷65《孙子吴起列传》。
④ 《战国策·齐策二》。

军队，势必会削弱其他区域的守备，容易被敌人乘虚而入，所以楚在北方战线基本上处于防御态势，和韩、魏相持，并未把这一地带作为扩张的主要方向。

（3）西方。楚在西方的敌对势力首先是强邻秦国。春秋时期因为晋国的强大，楚与秦都深受其威胁，故而结成同盟，联姻修好，并协调对晋作战。楚、秦两国的睦邻关系延续到这一历史阶段的开始，则发生了重大变化。一方面，魏国的势力削弱，对秦、楚的军事压力明显减轻；另一方面，秦在商鞅变法后国势日盛，已经具备了对外兼并的足够能力，楚国为其近邻，自然成为它进攻的目标，两国又都有争霸的野心，故无法调和。如张仪所言："凡天下强国，非秦而楚，非楚而秦。两国敌侔交争，其势不两立。"①从实力来说，楚不如秦，两国交界的秦岭和商洛、豫西山区地形复杂，不利于调动军队，运输给养，楚国因此没有攻秦略地的打算，一直处于守势。直到怀王受了张仪的欺骗，盛怒之下丧失理智，不听陈轸等人的劝阻，两次出师伐秦，结果在秦和韩、魏的联手夹击下遭到了惨败。

楚在西方的另一个敌人是四川盆地的蜀国。公元前377年，吴起被杀，发生内乱，蜀乘机伐楚，取兹方（今湖北省松滋市西），距郢仅百余里。"于是楚为扦关以距之"②。楚曾吞并了蜀之汉中，但未能进军灭蜀，看来是一个战略上的失策，以致被秦捷足先登，在公元前316年占领了蜀地，对楚构成了侧翼攻击的威胁。如果楚国

①《战国策·楚策一》。
②《史记》卷40《楚世家》。

抢先灭蜀，将蜀与汉中连成一片，那么战略形势要有利得多。

（4）南方。楚之南方是蛮夷和越人居住的周边地区，经济文化比较落后，邦族分散，力量弱小，难以抵抗楚军的攻势，故也是楚国用兵扩张的一个重要方向。楚向南方的发展多有胜利，《后汉书》卷86《南蛮传》曰："吴起相悼王，南并蛮越，遂有洞庭、苍梧。"楚威王、楚怀王进攻越国也取得成功。"越以此散，诸族子争立，或为王，或为君。滨于江南海上，服朝于楚"①。

不过，越人仍不断袭扰楚国后方，牵制了它的部分兵力。张仪曾谓楚怀王曰："且大王尝与吴（即越）人五战三胜而亡之，陈（阵）卒尽矣。"②《史记》卷15《六国年表》载楚怀王十年在广陵筑城，为防备越人。

3．秦国。秦在战国中叶的主要战线是其东境，自北而南，由陕北高原沿黄河而下，至豫西的崤函山区和陕南的商洛山地及秦岭。大致可以分为三个区域：

（1）北部。包括河西、河东与陕北的上郡，主要敌人是魏国。如商鞅所称："秦之与魏，譬若人之有腹心疾，非魏并秦，秦即并魏。"③秦、魏两国从三晋分裂以来战斗激烈，秦在战国前期处于被动，在河西连连丧失领土，被迫退至洛水据守。商鞅变法成功后，形势发生逆转。魏军惨败于马陵后，实力大损，秦国借此机会，首先向河西、上郡发动攻势，力图将魏之势力逐过黄河，夺回这道天

---

①《史记》卷41《越王勾践世家》。
②《战国策·楚策一》。
③《史记》卷68《商君列传》。

然防线，以保证关中统治地区的完整与稳定。从历史记载来看，在战国中叶的开始时期，秦国把主要兵力投入到这个作战区域，战略目标是收复河西与上郡，并在河东夺取几个东进的立足点。据《史记》中《秦本纪》与《魏世家》记载：

公元前330年，秦在雕阴（今陕西省富县北）击败魏军4.5万人，擒魏将龙贾，迫使魏献河西余地。

公元前329年，秦师东渡黄河，攻占魏之汾阴（今山西省万荣县西北）、皮氏（今山西省河津市西）及焦、曲沃（均在今河南省三门峡市附近）。

公元前328年，秦命公子华与张仪率军再次渡河攻魏，占领蒲阳（今山西省永济市北）。魏国被迫把上郡十五县及河西孤镇少梁（今陕西省韩城市）献出，秦则将焦、曲沃退还与魏。至此，秦已全部占有了黄河以西的土地。

不过，秦在河东的作战具有很多困难，如背倚黄河，不便向前线运送兵员和给养。敌方往往是三晋联合抵抗、反击，还几次得到了齐国的有力支援，使秦国在河东攻占的城邑旋得旋失，不易取得明显的进展。秦对此认识得很清楚，因此在预期目的实现之后，即将军队主力南调，对崤函山区的魏、韩城池做重点攻击，以打通豫西走廊。

（2）中部。秦国所在的关中盆地东端，正对着联系东西方交通的主要陆路干线——豫西走廊之西段，崤函山区坐落其中。自春秋前期晋献公假途灭虢，占领了这块战略要地，便堵住了秦国东进中原的门户。秦收复河西、上郡之后，即在中部发动攻势，竭尽全力打通崤函山区的南北两道。公元前324年，张仪领兵攻陷了魏之陕城（今河南省三门峡市）；公元前314年，又重新占领了魏在崤函北道最后的据点——焦、曲沃。这时魏国河外的领土丧失殆尽，秦国转而把韩国当作了头号敌人。

　　秦占崤函北道后，豫西走廊的其余地段都在韩国的控制之下，韩变成秦师出关的最大障碍。秦若想兵进中原，必须要制服韩国，才能取得军队的通行权。另一方面，山东诸侯合纵攻秦的主要进军路线也是穿过韩国的豫西走廊，来叩击关中的大门。出于攻防两面的需要，秦确认了伐韩的主攻方向，为达此目的，甚至要与宿敌魏国缓和关系，并联络楚国来伐韩。如张仪所提出的计划："亲魏善楚，下兵三川，塞轘辕、缑氏之口，当屯留之道。魏绝南阳，楚临南郑，秦攻新城、宜阳，以临二周之郊。"①公元前308年，秦经数月苦战，攻陷韩国在崤函南道的要塞宜阳，终于掌握了豫西走廊的西段。此后，秦时而在函谷置关设防，以待诸侯西伐之师；时而与韩连横，兵出豫东来攻魏击齐。对秦国来说，这一作战区域具有最为重要的意义。

　　（3）南部。秦国的南境，与楚之汉中隔秦岭相对；东南则临之以商洛、武关。楚乃春秋以来的传统大国，地广兵强，屡为诸侯盟主，在战国政治舞台上影响重大，是秦争霸活动的一个主要对手。秦国若沿豫西通道东进中原，其南方的侧翼受到楚之威胁，成为潜在的隐患，势所必除。因此，秦在设计这一阶段的军事行动时，精

---

① 《战国策·秦策一》。

心筹划了对楚的战略包围，为最终灭亡楚国做好准备。秦国南向对
楚作战的计划是构设三个进攻方面：

甲、巴蜀。巴蜀位处秦国西南，居于四川盆地。公元前316年，
两国相互攻击，都来向秦求援。秦惠文王接受了司马错的建议，派
他和张仪领兵伐蜀，大获全胜，遂占有该地。司马错认为，伐蜀不
仅名正言顺，还能拓广国土，饱敛财富，增强自己的实力。尤为重
要的是，控制巴蜀后可以沿江顺流而下，攻取楚国，进而兼并海
内。"蜀有桀、纣之乱。其国富饶，得其布帛金银，足给军用。水
通于楚，有巴之劲卒，浮大舶船以东向楚，楚地可得。得蜀则得
楚，楚亡则天下并矣。"①得蜀数年后，秦即在蓝田之战打败楚国，
陷其汉中，使秦之本土与巴蜀连成一片，对楚之西境构成了严重
威胁。

乙、武关。武关在秦楚交界的少习山下（今陕西省商洛市丹凤
县东），方圆数百里都是丘陵山地，形势险要，不利于大军的行动
和运输粮草。因此，战国中叶之初，秦在这里摆出了防御态势，并
不主动进攻。公元前312年，楚军大举来犯，秦国放弃武关，采取
了诱敌深入的策略，在蓝田大败楚军，使楚之国势从此一蹶不振。
自后，秦楚攻守易势，武关随即成为秦师攻楚的主要路线之一。像
张仪对楚王所言："秦西有巴蜀，方船积粟，起于汶山，循江而下，
至郢三千余里。舫船载卒，一舫载五十人，与三月之粮，下水而
浮，一日行三百余里；里数虽多，不费马汗之劳，不至十日而距扦

---

① （晋）常璩撰，刘琳校注：《华阳国志校注》卷3《蜀志》，巴蜀书社，1984
年，第191页。

关；扞关惊，则从竟陵已东，尽城守矣，黔中、巫郡非王之有已。秦举甲出之武关，南面而攻，则北地绝。秦兵之攻楚也，危难在三月之内。"①

丙、宜阳。楚之西北的南阳盆地，邻近韩国。公元前308年，秦国不惜巨大牺牲，攻占韩国重镇宜阳。此举属于一箭双雕，既打通崤函南道，可以下兵三川，以窥周室，继而东出中原。又能威胁楚国北境的新城②，形成对楚进攻的第三个作战方面，使其受到包围，形势极为被动。张仪说楚连横时即以此恫吓道："大王不与秦，秦下甲兵，据宜阳，韩之上地不通；下河东，取成皋，韩必入臣于秦。韩入臣，魏则从风而动。秦攻楚之西，韩、魏攻其北，社稷岂得无危哉。"③

不过，在蓝田、垂沙战役后，秦国暂时停止了对楚的大举进攻，转而全力与东方的齐国角逐。其原因有以下几点：

第一，楚国实力业已大衰，对秦不再构成严重威胁；而齐国挟持韩、魏，势力强劲，是秦国当时最危险的敌手，需要认真对待。如《战国策·燕策一》所言："秦五世以结诸侯，今为齐下。秦王之志，苟得穷齐，不惮以一国都为功。"

第二，秦国对楚的战略包围已经完成，随时可以进行总攻，只是因为时机尚不成熟，所以并不忙于草率行事。

————————

① 《战国策·楚策一》。
② 《战国策·楚策一》："郑（韩）、魏之弱，而楚以上梁应之；宜阳之大也，楚以弱新城围之。"
③ 《战国策·楚策一》。

第三，秦欲联楚以制齐。楚国衰弱之后，秦、齐两大对立集团形成，在双方的激烈斗争中，楚国倒向何方，其作用是举足轻重的。秦国清醒地认识到这一点，在齐国势力强大的情况下，秦有赖于楚国的协助来与之对抗。如果楚国残破，齐与韩、魏则更加强盛，会使秦愈发难以应付。正如说客对秦相魏冉所言："楚破，秦不能与齐县（悬）衡矣。"①

鉴于以上缘故，秦在这一时期奉行的连横策略之一，就是"和楚"，用秦楚联盟与齐、韩、魏集团抗衡。通过休兵息战、派遣张仪等人游说来诱使楚国加入自己的阵营，并支持楚在东方扩张，以吸引和削弱齐国的军事力量。《战国策·楚策二》曾载："齐王大兴兵，攻（楚）东地，伐昭常，未涉疆，秦以五十万临齐右壤。"即可见秦对楚的支援（兵力夸张）。秦在南部的战事因此沉寂下来，集中兵力在其中部与齐、韩、魏等国较量。直到乐毅破齐，秦在东方暂无劲敌，才移师南下，攻陷鄢、郢，占领了楚国的江汉平原。

与秦国对崤函山区的殊死搏争相比较，齐、楚两国在主攻方向的选择上，显然犯有"知难而退"的决策失误，就是没有竭尽全力攻占韩、魏或赵的战略要地（豫西和冀南），直接控制交通枢纽，用来抑制秦国势力的发展，并作为伐秦大军的基地。它们都把扩张的主要目标放在阻力较弱的淮泗流域，尽管在那里拓地千里，收获很大，但是由于地理位置的偏僻，这一局部成功对于争霸天下的整个计划来说，并不具有决定性的作用。秦国的政治家对此早有洞

① 《战国策·秦策三》。

察，商鞅曾谓魏惠王曰："今大王之所从十二诸侯，非宋、卫也，则邹、鲁、陈、蔡，此固大王之所以鞭棰使也，不足以王天下。"①故秦一再怂恿齐、楚攻宋，加剧对淮北、泗上的争夺，借此减轻自己所受的军事压迫，便于向中原进展，占据有利形势。

　　齐、楚和秦国选择的扩张方向不同，这与它们各自的政治目的不同也有密切关系。秦国顺应了中国社会发展需要统一的历史趋势，以兼并海内为己任，攻占诸侯领土贪得无厌。如说客对韩王曰："秦之欲并天下而王之也，不与古同。事之虽如子之事父，犹将亡之也。行虽如伯夷，犹将亡之也。行虽如桀、纣，犹将亡之也。虽善事之无益也。不可以为存，适足以自令亟亡也。"②

　　齐、楚的最高理想仍是做传统的霸主，如《战国策·赵策三》曰："昔齐威王尝为仁义矣，率天下诸侯而朝周。周贫且微，诸侯莫朝，而齐独朝之。"齐宣王亦"欲辟土地，朝秦楚，莅中国而抚四夷也"③。贾谊亦云："楚怀王心矜好高人，无道而欲有伯王之号，铸金以象诸侯人君，令大国之王编而先马。"④它们虽然吞并小国不遗余力，但是仍承认七雄中其他六国的独立地位，维持列强割据的基本政治局面，仅仅满足于充当诸侯联盟的领袖，没有完成统一大业的雄心和气魄。对于三强中的另外两个对手，只是企图削弱而不是消灭它们，韩、魏、燕、赵等国一旦表示服从、跟随，也就不再坚

---

① 《战国策·齐策五》。
② 《战国策·韩策三》。
③ 《孟子·梁惠王上》。
④ （汉）贾谊撰，阎振益、钟夏校注：《新书校注》卷6《春秋》，中华书局，2000年，第249页。

持对其用兵略地，甚至把共同掠夺来的大部分城邑赏给它们，以资鼓励，显示出霸主的泱泱风范。齐国这方面的表现最为明显，如齐客所责魏王曰："王之事齐也，无入朝之辱，无割地之费。齐为王之故，虚国于燕、赵之前，用兵于二千里之外，故攻城野战，未尝不为王先被矢石也。得二都，割河东，尽效之于王。自是之后，秦攻魏，齐甲未尝不岁至于王之境也。请问王之所以报齐者可乎。"[①]范雎也追述道："昔者，齐人伐楚，战胜，破军杀将，再辟千里，肤寸之地无得者……以其伐楚而肥韩、魏也。"[②]这样做的结果，则是导致了兵力耗费，国土的扩张与军队主攻方向偏离中原重地，使敌人得以占据优势。

（三）结交盟友、孤立强敌

1. 秦所采取的成功策略。战国中叶之初，齐、秦、楚三国实力相侔，都有可能击败对手，独霸天下，继而完成中国的统一事业。如时人所称"有齐无秦，无齐有秦"[③]，"凡天下强国，非秦而楚，非楚而秦"[④]。秦国所以最后取得胜利，原因固然很多，其中很重要的一条，就是在与齐、楚的军事外交斗争中，根据政局的变化，灵活调整和运用各种策略，联络盟国，孤立并削弱敌人，以达到各个击破的目的。秦国使用的主要手段有：

----

① 《战国策·赵策四》。
② 《战国策·秦策三》。
③ 《战国策·燕策二》。
④ 《战国策·楚策一》。

（1）弱楚、联楚以制齐。秦对齐、楚这两个争霸对手时战时和，但从这一时期的总体情况来看，主要是把齐国视为头号劲敌。钱穆在《苏秦考》中概论此时期形势道："梁之霸业，自文侯、武侯迄于惠王之世而大盛者，及其晚节，乃为东西两强齐、秦所平分。而齐以威宣之盛，其声威远出秦上。故宣王欲求其所大欲，以一天下为志。"①

秦国与齐之间没有共同疆界，必须经过三晋等国才能交锋，如苏秦所言："今秦攻齐则不然，倍韩、魏之地，至闻、阳晋之道，径亢父之险，车不得方轨，马不得并行，百人守险，千人不能过也。秦虽欲深入，则狼顾，恐韩、魏之议其后也。是故恫疑虚猲，高跃而不敢进，则秦不能害齐，亦已明矣。"②前文已述，秦国争霸中原的主攻方向是韩魏所在的枢纽地带，昭忌即称："夫秦强国也，而韩、魏壤梁，不出攻则已，若出攻，非于韩也，必魏也。"③双方有"累世之怨"，矛盾很深。韩、魏的背后若有强齐支持，秦国是无可奈何的。"齐、秦交争，韩、魏东听，则秦伐矣"④。这种情况下，楚之向背举足轻重。《战国策·韩策三》曰："秦招楚而伐齐，冷向谓陈轸曰：'秦王必外向。楚之齐者知西不合于秦，必且务以楚合于齐。齐、楚合，燕、赵不敢不听。齐以四国敌秦，是齐不穷也。'"秦国深晓其中道理，故对楚采取又打又拉的两种手法：一方面通过

---

① 钱穆：《先秦诸子系年》，第288页。
② 《战国策·齐策一》。
③ 《战国策·魏策四》。
④ 《战国策·秦策三》。

军事进攻削弱其国力，使之不能为害于己，构成包围进击的态势以迫其连横。另一方面，又频频向楚投送秋波，退其部分侵地，以求合盟攻齐，并"嫁子取妇，为昆弟之国"①。据《史记》卷40《楚世家》记载，秦于蓝田之战败楚后，"使使约复与楚亲，分汉中之半以和楚"。"秦昭王初立，乃厚赂于楚。楚往迎妇。二十五年，（楚）怀王入与秦昭王盟，约于黄棘。秦复与楚上庸。"楚顷襄王即位后，"七年，楚迎妇于秦，秦楚复平……十四年，楚顷襄王与秦昭王好会于宛，结和亲。十五年，楚王与秦、三晋、燕共伐齐，取淮北"。至此，秦国弱楚、联楚制齐的战略取得完全成功。

（2）远交燕、赵以抑齐。韩、魏所在的枢纽地带，具有重要的战略价值，为诸强所觊觎。有关情况前文已述，不用赘言。居于偏离地带的燕、赵，也是秦国争霸战略中努力结交的对象。两国的重心统治区域皆在河北平原，距离秦国较远，难以用兵，不是其主攻目标。苏秦曾说："且夫秦之攻燕也，逾云中、九原，过代、上谷，弥地踵道数千里，虽得燕城，秦计固不能守也。秦之不能害燕亦明矣。"②"然而秦不敢举兵甲而伐赵者，何也？畏韩、魏之议其后也。然则韩、魏，赵之南蔽也"③。但是燕、赵迫近齐国，多次发生边境冲突，相互矛盾尖锐，敌意很深。秦因此结好两国，使燕、赵成为盟友，抑制齐国势力的发展。其手段有以下几种：

①通婚。《战国策·燕策一》曰："燕文公时，秦惠王以其女为

①《战国策·齐策一》。
②《战国策·燕策一》。
③《战国策·赵策二》。

燕太子妇。文公卒，易王立。齐宣王因燕丧攻之，取十城。"苏秦就此劝说道："今燕虽弱小，强秦之少婿也。王利其十城，而深与强秦为仇。"齐终因不愿得罪秦国而将攻占的十城归还燕国。

②出兵援助。燕、赵受到齐军攻击时，秦或给予援助，如《战国策·齐策二》曰："权之难，齐、燕战。秦使魏冉之赵，出兵助燕攻齐。"《战国策·东周策》亦载说客谓魏王曰："秦知赵之难与齐战也，将恐齐、赵之合也，必阴劲之。"

③组织、怂恿它们攻齐。《战国策·秦策二》载："陉山之事，赵且与秦伐齐，齐惧，令田章以阳武合于赵。"秦国因此派公子他赴赵，劝说赵王继续合兵伐齐，并提出愿意派遣援军，"请益甲四万，大国裁之"。

公元前288至前286年，齐国三次伐宋，终于将宋灭掉。"齐南割楚之淮北，西侵三晋，欲以并周室，为天子，泗上诸侯邹鲁之君皆称臣，诸侯恐惧"[①]。秦国则抓住时机，利用燕、赵等国与齐的矛盾，因势利导，展开频繁的外交攻势，组成反齐联盟。赵国的亲秦大臣金投也在其指使下往来奔走，鼓吹合兵伐齐。公元前285年，秦王与楚王、赵王相会于宛、中阳，次年，又与魏王会于宜阳，燕昭王也入赵与之相谋。在秦的操纵和组织下，终于形成了五国伐齐的局面。秦在当年又"先出声于天下"，使蒙武率军攻齐河东，下九县。次年，五国联军伐齐，秦仅派尉斯离领部分军队参战，主力则由燕和三晋担任，最终使齐国破亡。此役秦利用远交盟国的力量

---

① 《史记》卷46《田敬仲完世家》。

败齐，获得完胜，自己的损失微不足道。齐遭受这次沉重打击，虽然后来得以复国，实力却一落千丈，再也无力和秦国抗争、夺取霸权了。

2. 齐、楚两国的失误。反观齐、楚两国，在盟友和敌国的判断、选择上却屡屡出现错误，促成了它们争霸活动的失败。首先，齐、楚虽有争夺东地的矛盾冲突，但是比起秦国兼并天下的野心来说，它们彼此之间的威胁，并不是致命的。遗憾的是，这两个国家都没有明确地认识到这个问题。齐国所组织的几次合纵伐秦，均满足于对方的退地求和，并未与秦国真正交兵会战、从根本上摧毁其军事实力。而它向楚国的长期进攻，收益不大，却严重消耗了兵力、财力，致使在五国伐齐时一触即溃。如范雎所言："诸侯见齐之罢露，君臣之不亲，举兵而伐之，主辱军破，为天下笑。所以然者，以其伐楚而肥韩、魏也。"[1]

楚国面临秦咄咄逼人的威胁，并没有积极地联齐抗秦，其对外政策左右摇摆，导致出现腹背受敌的不利局面。公元前318年，公孙衍组织五国合纵伐秦，楚怀王身为纵约长，却对此举消极观望，未将主力投入到前线。楚国的统治者目光短浅，贪图小利，在外交上屡次犯有重大失误。如怀王听信张仪献地的谎言，与齐绝交，结果寸土未得，反而丧军失地。公元前299年，楚怀王又受秦国欺骗，冒险到武关会盟，被秦扣留索地，疾愤而死。即位的楚顷襄王畏敌如虎，居然忘却父仇，与秦联姻以共同制齐。齐国破败后，秦国对

---

①《战国策·秦策三》。

楚占据绝对优势，便势如破竹地直捣鄢、郢，横扫江汉了。

其次，在齐、楚的争霸活动中，如何处理与较弱的燕、赵、韩、魏四国之关系，也是它们未能解决好的课题。没有这些国家的支持，齐、楚与秦对抗是相当困难的。如齐闵王遗楚王书曰："四国争事秦，则楚为郡县矣。王何不与寡人并力收韩、魏、燕、赵，与为从而尊周室，以案兵息民，令于天下？莫敢不乐听，则王名成矣。王率诸侯并伐，破秦必矣。"① 齐国多次役使韩、魏，伐秦攻楚，有其成功的典例。它在这方面的缺憾，主要是未能牢牢控制住近邻燕、赵，反而为其所乘。特别是燕对齐有亡国之恨，燕昭王"居处不安，食饮不甘，思念报齐"②。尝言："齐者，我仇国也，故寡人之所欲伐也。"③ 为此广招天下贤士，励精图治，筹划伐齐报怨。齐国不仅受到"间谍"苏秦等人的欺骗，盲目相信燕国服从自己，全力南下攻宋，甚至将济西、河北防备燕、赵的兵力南调，造成了国防的空虚④。另外，在五国伐齐之前，燕、赵两国从事了大量军事、外交上的准备活动，燕昭王"于是使乐毅约赵惠文王，别使连楚、魏，令赵嚼说秦以伐齐之利"⑤。他还亲自赴赵联络定盟。而齐国竟对此肘腋之变毫无察觉，致使在敌军来袭时仓促迎战，导致惨败。

楚国曾经重视过与燕、赵的结盟，它和这两个国家没有共同

①《史记》卷40《楚世家》。
②《战国策·燕策一》。
③《战国策·燕策二》。
④《战国策·燕策一》载苏代言齐国："且异日也，济西不役，所以备赵也；河北不师，所以备燕也。今济西、河北尽以役矣，封内弊矣。"
⑤《史记》卷80《乐毅列传》。

边界，矛盾冲突并不尖锐，所以经常支持它们的抗齐活动，乃至出兵助阵。但是，楚最危险的敌人是秦国，魏被秦逐出崤函之后，韩国由于西近秦、南临楚，其战略地位显得极为重要。如范雎所言："秦、韩之地形，相错如绣。秦之有韩，若木之有蠹，人之病心腹。天下有变，为秦害者莫大于韩。"①张仪亦云："秦之所欲，莫如弱楚，而能弱楚者莫如韩。非以韩能强于楚也，其地势然也。"②楚在这一时期遭受的两次重创——蓝田之战、垂沙之战，韩国的参加都起了重要作用。对楚国来说，抵抗秦的侵略必须要联合韩国共同作战，才能取得有效的成果。可是楚国的统治者由于短视，并未给韩的抗秦斗争以有力的支援。例如公元前308年，秦攻韩国重镇宜阳，死伤甚众，因畏惧楚国援韩，使冯章伪许楚以汉中之地，楚亦贪利而不救韩。事后，"楚王以其言责汉中于冯章，冯章谓秦王曰：'王遂亡臣，因谓楚王曰：寡人固无地而许楚王。'"③《战国策·韩策一》载秦、韩战于浊泽，楚王坐观其成败，假称援韩，"乃儆四境之内，选师言救韩，发信臣，多其车，重其币。谓韩王曰：'弊邑虽小，已悉起之矣。愿大国遂肆意于秦，弊邑将以楚殉韩。'"结果，"楚救不至，韩氏大败"。

　　楚的做法加深了它与韩国的矛盾，一来促使韩国投入齐或秦国的军事集团，与楚对抗，增加了楚的敌对势力。再者，秦国占领宜阳，便把那里作为南下伐楚的基地。此后不久，就出兵攻陷了与

---

①《战国策·秦策三》。
②《战国策·韩策一》。
③《战国策·秦策二》。

其相邻的楚国北方重郡新城①。楚不救韩，带来了自身战争形势的被动。

综上所述，战国中期的合纵连横战争里，秦国在其兵力的部署和投入进攻的主要方向上做出了正确的判断与选择，通过种种手段部分夺取和控制了韩、魏所在的枢纽地带，取得了军事的主动权。另一方面，秦国运用谋略拆散了齐、楚与其他诸侯之间的联盟，削弱了它们的势力；又威逼、利诱一些中小国家投入自己的阵营，改变了它和齐、楚的力量对比关系。秦国军事、外交战略的成功，使它得以在争雄角逐中先后击败诸多对手，确立了本身的优势地位，并为其后来统一战争的胜利奠定了基础。

---

① 参见《史记》卷5《秦本纪》昭王七年、《睡虎地秦墓竹简·编年记》秦昭王六年至八年。

秦对六国战争中的函谷关和豫西通道

　　函谷关故址在今河南省灵宝市旧城西南，因"路在谷中，深险如函，故以为名"①。由该地西至潼关，东抵崤山，古称桃林或崤函，战国初年属魏。商鞅变法后秦国势力强盛，于公元前329年至前314年逐步攻占了附近的曲沃、焦和陕城。函谷关就是秦在此期间建立起来，它的名称最早出现于公元前318年②。此后秦与六国近百年的战争里，函谷关所在的崤函地区由于军事意义的重要，成为双方争夺的热点。诸侯联军伐秦的进军路线，主要是自荥阳、成皋西行，经巩、洛，穿过崤山后攻打函谷关，以求进入秦国腹地关中平原。例如：

　　楚怀王十一年，"苏秦约从山东六国共攻秦，楚怀王为从（纵）长。至函谷关，秦出兵击六国……"③

　　韩襄王十四年，"与齐、魏王共击秦，至函谷而军焉"④。

---

① （唐）李吉甫撰，贺次君点校：《元和郡县图志》卷6《河南道二》引《西征记》，第158页。
② 《史记》卷40《楚世家》。
③ 《史记》卷40《楚世家》。
④ 《史记》卷45《韩世家》。

"公子率五国之兵破秦军于河外，走蒙骜。遂乘胜逐秦军至函谷关，抑秦兵，秦兵不敢出"①。

楚国春申君相二十二年，"诸侯患秦攻伐无已时，乃相与合从，西伐秦，而楚王为从（纵）长，春申君用事，至函谷关，秦出兵攻，诸侯兵皆败走"②。

因为六国合纵攻秦多走这条道路，秦王才会对楚王威胁说："寡人积甲宛，东下随，知者不及谋，勇者不及怒，寡人如射隼矣。王乃待天下之攻函谷，不亦远乎！"③

另一方面，秦与山东六国作战，也多次兵出函谷，穿越豫西山区来进军中原，所以纵横家有言："六国从（纵）亲以摈秦，秦必不敢出兵于函谷关以害山东矣。"④ "且夫秦之所以不出甲于函谷关十五年以攻诸侯者，阴谋有吞天下之心也。"⑤

众所周知，地理环境是人类进行战争的客观物质基础，正确地认识和利用地理条件，是交战获胜的重要原因之一。秦与六国的军队统帅在策划、指挥战争时，也充分地考虑了山川、道路、城市、人口、资源等各种地理因素对军事行动的影响，从而选择了函谷关所在的豫西通道作为主要的行军路线和作战方向，笔者试对其原因做一初步探讨。

---

① 《史记》卷77《魏公子列传》。
② 《史记》卷78《春申君列传》。
③ 《战国策·燕策二》。
④ 《战国策·赵策二》。
⑤ 《战国策·楚策一》。

一、战国中叶的地理形势与函谷关、豫西通道的重要军事价值

从战国中叶的历史背景来看，由于黄淮海平原和泾渭平原生产、贸易的飞跃发展，形成了山东和关中两大基本经济区。山东地域宽广，自燕山以南到长江以北，东达海滨，西抵晋陕边界的黄河与崤函山区。春秋以来铁器牛耕的普遍推广以及水利灌溉事业的开发，使黄河下游两岸的农耕区迅速向北、东、南三面推进，除了雁北、冀北和渤海沿岸的部分地段，华北大地到处是良田沃野，各地的盐、铁、纺织等手工业与物资交流、交通干线和城市建设也随之发展起来。黄淮海平原的开发与繁荣，促使韩、赵、魏三国纷纷将都城迁出了河山环阻、土地褊狭的晋南，移到了辽阔的中原。

关中地区虽然面积要小得多，自然条件却很优越，"有鄠、杜竹林，南山檀柘，号称陆海，为九州膏腴"①。秦在当地兴修水利，发展农业，使关中经济出现了空前的高涨，可以与山东分庭抗礼。凭借这一雄厚的物质基础，"秦据河山之固，东乡（向）以制诸侯"②。山东六国迫于危亡也屡次合纵联盟，来反击秦国的兼并。这样，中国的政治格局和军事斗争在地域上就呈现出东西对立的基本特点，由战国初期群雄的割据混战演变为山东、关中两大集团相互

①《汉书》卷28下《地理志下》。
②《史记》卷68《商君列传》。

争雄的局面。

华北平原的经济繁荣与三晋国都的东迁，使山东六国的经济、政治重心区域转移和分布在我国地貌第三阶梯的范围之内，包括黄淮海平原、胶莱平原和江汉平原，它们和秦国的基本统治区域——关中平原之间，被海拔较高、地形复杂的一道中间地带相隔开，这便是山西高原、豫西丘陵山地和商洛山区、南阳盆地。和两大基本经济区相比，这条中间地带人口较少，物产不够丰饶，自然地形也不利于大部队的运动和展开。秦或六国发动进攻时，都想迅速通过这一地带，将其优势兵力开进对方的平原来作战，威胁和打击敌人的心腹要地。防御时为了确保己方基本经济区的安全，也都要把军队部署在中间地带与敌交界之处，尽量利用当地的复杂地形来阻挡、迟滞敌军，不让对手进入并蹂躏自己的平原区域。这一中间地带虽然纵贯南北、绵延千里，但是因为地形、水文条件的限制，横贯东西的陆路干线只有三条：

1. 晋南豫北通道。由陕晋边界的临晋（今陕西省大荔县朝邑镇）东渡黄河，经过运城盆地，在其北部折向东南，翻越王屋山，从轵（今河南省济源市）穿过太行山麓南端与黄河北岸之间的狭长走廊，即可进入河内，来到赵都邯郸所在的冀南平原。走廊的西端为太行第一径，古称轵道，山险路狭；东端是宁邑（今河南省修武县），战国时属魏。道光《修武县志》称当地"西扼秦韩，北达燕赵，兵车冲会之区也"[1]。战略地位相当重要。

---

[1]（清）冯继照修，金皋、袁俊纂：《修武县志（道光二十年）》卷1《舆地志上》。

2. 豫西通道。自咸阳渡过渭水东行，在潼关进入豫西丘陵山地，沿黄河南岸经函谷、陕城（今河南省三门峡市）抵达崤山，分为南北二途，南路沿雁翎关河、永昌河谷隘路东南行，再沿洛河北岸达宜阳，东行至洛阳盆地；北路沿涧河河谷而行，经硖石、渑池、新安抵达洛阳。东过巩、成皋、荥阳的低山丘陵，便进入豫东平原。韩都新郑、魏都大梁俱在邻近。这条通道还可以由洛阳北渡孟津，过黄河经温（今河南省温县）、怀（今河南省武陟县），入河内，武王伐纣时走的就是这条路线，而他灭商后即由朝歌南下至管（今河南省郑州市），再穿过豫西通道回到关中。这条道路是我国先秦时代东、西方联系的主要交通干线。

3. 商洛、南阳通道。由咸阳沿灞水、丹水东南行，穿过秦岭、商洛山区，经蓝田、商县、丹凤，在今陕、豫、鄂交界处出武关（今陕西省商洛市丹凤县东），进入楚国的南阳盆地，东行至宛（今河南省南阳市）后，南下穰、邓（两地都在今河南省邓州市），可达楚都郢城（今湖北省荆州市）所在的江汉平原。自宛东行夏路，出方城，又能进入华北平原的南端，即汝水、颍水流域，北上到达韩都新郑，东进便是楚国名都上蔡（今河南省上蔡县）、陈（今河南省周口市淮阳区）。江汉平原后来被秦占领，楚国便迁都于陈，作为新的统治中心。

公元前330年，秦国全部收复河西失地，随即开始了东进扩张，它与六国军队的往来交战基本上都是沿着这三条通道进行的。秦为了守卫关中，凭借黄河、崤函、少习山的险要地势，在这三条通道的西端修建了临晋关、函谷关和武关，来阻拦敌军的入侵。如贾谊所言：

> 所为建武关、函谷、临晋关者，大抵为备山东诸侯也。天
> 下之制在陛下，今大诸侯多其力，因建关而备之，若秦时之备
> 六国也。[1]

函谷关之所以受人重视，成为兵家必争之地，是因为它扼守的豫西通道具有十分重要的军事价值。当时秦与六国都认为经过豫西通道进攻对方是最为有利的，原因大致有以下几点：

1. 豫西通道的距离最短。华北、江汉平原与关中平原之间距离最短的便是豫西通道，其路线几乎是笔直的。《通典》卷177《州郡典七》载函谷关东至洛阳640里，洛阳至荥阳270里。秦国由这条路线东进中原是一条捷径，对企图攻入关中的诸侯联军来说也是如此。韩釐王二十三年（前273年）赵、魏攻韩，秦自关中出兵相救，很快就穿过豫西通道，来到华阳（今河南省密县）。"八日而至，败赵、魏于华阳之下"[2]。而晋南豫北通道和商洛、南阳通道距离要远得多，路线曲折，行军费时费力。

2. 距离韩、魏的国都最近。从六国的地域分布来看，燕、齐和秦没有领土相邻，无法直接交战。赵国与秦在陕北的上郡接壤，离关中平原较远。楚国以往长期与秦结盟通婚，进入战国后百余年内双方未发生战争，两国交界的汉中、商於等地与关中有秦岭巨防

---

① （汉）贾谊撰，阎振益、钟夏校注：《新书校注》卷3《壹通》，第113页。
② 《史记》卷45《韩世家》。

相隔，所以楚对秦亦威胁不大。与秦利害相关的是韩、魏两国，它们在晋南、豫西的土地与关中平原相邻，在秦卧榻之侧，边境冲突持续不断，如商鞅所言："秦之与魏，譬若人之有腹心疾，非魏并秦，秦即并魏。"①范雎亦称："秦、韩之地形，相错如绣，秦之有韩也，譬如木之有蠹也。"②秦面临着这两国最现实、最直接的威胁。秦要想向东方扩张，首当其冲的就是韩、魏的领土。

另一方面，韩、魏国都所在的豫东平原位处东亚大陆的核心，军事上的地位价值很高。顿弱曾说："韩，天下之咽喉；魏，天下之胸腹。"③秦国若要统一海内，必须先征服或控制韩、魏在河南、山西的领土，才能进一步对齐、赵、燕等偏远国家用兵。秦军出函谷关，穿过豫西通道，韩都新郑（今河南省新郑市）即在近旁，"从郑至梁，不过百里……马驰人趋，不待倦而至梁"④。走这条路线东征，可以直捣韩、魏心喉，迫使其俯首就范。

此外，秦国这时实力强盛，山东各国大多不敢单独向秦主动进攻，往往是组成联军，合纵伐秦。韩、魏都城所在的豫东平原位置适中，交通便利，"地四平，诸侯四通，条达辐凑，无有名山大川之阻"⑤，燕、赵、齐、楚等国军队奔赴集结较为方便，此地又离豫西通道甚近，所以诸侯联军多选择这条路线伐秦，函谷关一线也就自然成为秦国的主要防御方向了。

---

①《史记》卷68《商君列传》。
②《史记》卷79《范雎列传》。
③《战国策·秦策四》。
④《战国策·魏策一》。
⑤《战国策·魏策一》。

3. 可以利用周王室统治的洛阳地段。豫西通道中途的洛阳盆地是周王室的领土，战国时分裂为西周、东周两个小国。对秦和六国来说，采用豫西通道为大军的运动路线还能从中获得以下好处：

首先，周室力量微弱，只能保持中立，任凭各国军队假道通过，进军一方出入巩、洛不用攻城夺邑，既节省了时间，又保存了兵力。其次，军队过境时还可以向周索取给养，减少后方长途运输的负担，周通常不敢拒绝。如"楚攻雍氏，周粮秦、韩"①。"（薛公）又与韩、魏攻秦，而藉兵乞食于西周"②。再次，周王虽然实力弱小，但名义上仍为天下共主，还有诸侯去朝见，三晋、田齐称侯还要请周王册封，说明他在政治上还有一定影响。秦若想征服六国，成就帝业，操纵和接替周王室是必不可少的两步举措。兵出函谷，走豫西通道东进，能够顺势控制周室，加以胁迫利用。如张仪所言："据九鼎，按图籍，挟天子以令天下，天下莫敢不听，此王业也。"③时机一旦成熟则取而代之，名正言顺地易鼎登极。秦国国君对此方案朝思暮想，视为终生奋斗的目标。言者曾对赵王讲："秦之欲伐韩、梁，东窥于周室甚，惟寐亡（忘）之。"④秦武王也说："寡人欲车通三川以窥周室，而寡人死不朽乎。"⑤

4. 不用涉渡江河。商洛、南阳通道和晋南豫北通道除了路线曲折、距离较远之外，后者还有晋陕边界的黄河天险阻拦。在古

---

①《战国策·东周策》。
②《战国策·西周策》。
③《战国策·秦策一》。
④《战国策·赵策一》。
⑤《战国策·秦策二》。

代低劣的技术条件下，大军渡过无法徒涉的河流是相当困难的，架桥、舟济都很繁苦，需要花费大量的人力、物力，后续部队和给养的运输也是个难题，渡河的先头部队还会陷入背水而战、被敌军半渡而击的危险境地。秦如选择晋南豫北通道为主攻路线，自然地理条件并非有利，山东六国也不愿走此道伐秦。事实上，自公元前330年秦收复河西失地后，三晋或诸侯联军没有一次敢于从蒲津、夏阳或龙门强渡黄河来向秦讨战的。所以，这条路线也不是秦的主要防御方向。穿过豫西通道则不必涉渡江河，这对军队的运动较为方便，苏秦即认为："秦之攻韩、魏也，则不然。无有名山大川之限，稍稍蚕食之，傅之国都而止矣。韩、魏不能支秦，必入臣。"①

　　5. 受到的抵抗较为薄弱。在秦国东进的三条路线当中，豫西的敌人实力稍弱。秦攻占崤函以后，魏在豫西几乎没有城邑，黄河以南的通道沿途都是韩国和两周的领土。周室微不足道，"夫韩，小国也，而以应天下四击"②。兵员本来有限，还要分散防守周边，因此难以抵抗秦的强攻。若求诸侯相助，则没有把握，或因路远未能及时赴救，或应以虚言而兵马不至。来助阵者也多是心怀鬼胎，为了保存实力不肯死战，如《尉缭子·制谈》所言："今国被患者，以重宝出聘，以爱子出质，以地界出割，得天下助卒，名为十万，其实不过数万尔。其兵来者，无不谓其将曰：'无为天下先战'，其实不可得而战也。"所以秦国兵出函谷，进攻豫西通道，沿路遇到的抵抗相对较弱。如走晋南豫北通道，河东乃三晋旧都所在，韩、

①《战国策·赵策二》。
②《韩非子·存韩》。

赵、魏列城参差其间，唇齿相依，赴救解围朝发夕至。历史上三晋曾是兄弟之国，长期与秦交战，积怨甚深。当时人称"三晋百背秦，百欺秦，不为不信，不为无行"[①]，容易结盟抗秦。而秦军渡河攻城作战则相当艰苦，往往夺取了城池也很难守住，像武遂（今山西省临汾市西南）、蔺（今山西省柳林县孟门镇）、离石（今山西省吕梁市离石区）等城曾数次易手。

如经过商洛、南阳通道进攻，当时楚国尚强，"地方五千里，带甲百万，车千乘，骑万匹，粟支十年"[②]。俗称"天下莫强于秦、楚"[③]。秦军若进攻南阳盆地，将面临恶战，胜负难料。从后来的情况看，公元前312年，楚军攻秦曾长驱直入，破武关，抵蓝田，秦国靠韩、魏相助才勉强获胜。此后南阳盆地成了秦、楚、韩、魏四国争战之地，反复争夺了数十年，直到韩国灭亡前夕，秦国才完全征服了该地。

综上所述，豫西通道对秦与合纵诸侯进攻兵力的运动是利多弊少，所以被它们当作了主攻方向的行军路线，而函谷关又是这条通道西段的咽喉要地，因而成为秦与六国诸侯殊死相争的战略枢纽。潼关附近桃林地段的大路，"东自崤山，西至潼津，通名函谷，号曰天险"[④]。函谷关设在这条谷道的中途，背依稠桑原，面临弘农涧，群山雄峙，涧水横流，"其中劣通，东西十五里，绝岸壁

[①]《战国策·秦策三》。
[②]《战国策·楚策一》。
[③]《战国策·秦策四》。
[④]（唐）李吉甫撰，贺次君点校：《元和郡县图志》卷6《河南道二》，第158—159页。

立，崖上柏林荫谷中，殆不见日"①。敌军无论从崤山南北哪条道路而来，都要经过这座关隘，而险要的地势加上重兵防守足以使其却步。

秦国如控制函谷关，退可以守住关中门户，保八百里秦川不失；进可以出兵豫东，争雄天下。如果该地被敌国占领，秦国军队则被封闭在潼关以西，难以东进，而且随时面临着敌军入侵驰踏关中平原的危险。春秋之时，晋献公假途灭虢，先据桃林，秦兵屡争不得，以穆公国势之强亦无法东进中原，与华夏诸侯争霸。"二百年来秦人屏息而不敢出气者，以此故也"②。顾栋高读《过秦论》曾感叹道："贾生有言：秦孝公据崤、函之固，拥雍州之地，君臣固守以窥周室。呜呼！此周、秦兴废之一大机也。考春秋之世，秦、晋七十年之战伐，以争崤、函。而秦之所以终不得逞者，以不得崤、函。"③正因该地在军事上具有重要意义，秦国在收复河西的第二年便对那里全力进攻，志在必得。函谷关设立后，由于地势险要，防卫坚固，抵御诸侯联军进攻时多有胜绩，仅在公元前296年被齐、韩、魏合兵攻破，引起秦国朝野恐慌，被迫退地求和。

---

① （唐）李吉甫撰，贺次君点校：《元和郡县图志》卷6《河南道二》，第158页。
② （清）顾栋高：《春秋大事表》卷4《秦疆域论》，第541页。
③ （清）顾栋高：《春秋大事表》卷31《春秋秦晋交兵表·叙》，第2039页。

二、范雎献"远交近攻"之策以前，秦在豫西通道沿线的作战方略

在秦对六国近百年的征服战争中，受形势变化的影响，函谷关及豫西通道的战略地位曾有过重大变化，前后可以分为两个阶段。从公元前314年秦完全占领函谷地区到公元前270年范雎拜相、献远交近攻之策是第一阶段。在此期间，秦对六国的进攻和防御皆以函谷关、豫西通道为主要作战方向，分别采取了下列步骤：

1. 逐步蚕食，占领通道西段。秦国得到函谷地区后花费很大力量来打通崤山南北二途，进占豫西通道的西段。崤山一带地形险峻，通行不便，当年秦国千里袭郑，就是回师至此遭到晋国伏击而全军覆没的。如不夺取，东进仍会受阻。公元前308年，秦动用倾国之师，围攻"城方八里，材士十万，粟支数年"[1]的韩国重镇宜阳，历时五月才将其攻克，从此控制了崤山南路。北路也将边境推进到渑池，并在新安谷口"筑垒当大道"[2]，屯兵驻守。

2. 与韩国结盟，暂不进占通道东段。秦在当时对六国阵营并不具有优势，苏秦曾说："诸侯之地五倍于秦，料诸侯之卒十倍于秦，六国并力为一，西面而攻秦，秦破必矣。"[3]六国当中，齐在威王、宣王时期国家强盛，马陵之战打败魏国后成为中原霸主，实力

---

[1]《战国策·东周策》。
[2]《水经注》卷16《谷水》。
[3]《战国策·赵策二》。

与秦相侔。齐湣王曾南灭"五千乘之劲宋",声震天下,与秦昭王同时称帝,并两度主持合纵伐秦,迫使秦国割地求和。秦国君臣审时度势,看清自己的力量尚不足以单独打败齐国,更不用说与六国合纵对抗,因此采取了"连横"的策略,一方面蚕食进攻韩、魏的领土,迫使它们屈服;另一方面通过部分退地、结盟修好等外交手段来换取它们的支持,承认自己的霸主地位,使韩、魏在政治、军事上成为自己的附庸,促成以齐为首的合纵联盟分化瓦解。钱穆在《苏秦考》中曾说:"秦之外交,常主折齐之羽翼,散齐之朋从,使转而投于我。"[1]在"连横"思想的指导下,这一阶段秦国不急于灭掉两周、进占豫西通道东段。由于韩、魏倒向秦国阵营,"称东藩,筑帝宫,受冠带,祠春秋"[2],特别是韩国对秦"出则为捍蔽,入则为席荐"[3],秦国以向周、韩假道的方式获得了豫西通道东段的通行权。此后,秦多次越韩、魏而攻齐,夺城占地。齐欲伐秦却屡被韩、魏阻拦,无法兵进函谷。

在此期间,韩、魏与秦的关系虽有反复变化,但秦联合诸侯以孤立、削弱齐国的战略方针始终未变,终于在公元前284年促成五国联军伐齐,大获全胜。齐被燕军灭亡后虽然由田单复国,但实力明显衰落,不再是秦的劲敌了。而秦通过对齐作战,夺取了中原许多城邑,包括东方最富庶的商业都市——陶(今山东省定陶市),还占领了韩国迫近豫西通道东段出口的重镇管邑(今河南省郑州

---

①钱穆:《先秦诸子系年》,第289页。
②《战国策·魏策一》。
③《韩非子·存韩》。

市），形势非常有利。

3．大举攻魏。齐国破败之后，秦便开始全面出击，先后攻取赵国的蔺、祁、离石和包括楚都郢城在内的江汉平原，但是主攻方向仍放在豫东。公元前283年至前273年间，秦军多次伐魏，三围大梁，企图一举灭掉魏国，把自己在齐地的城邑和豫西通道相接，隔断燕、赵与韩、楚的联系。"拔梁则魏可举，举魏则荆、赵之意绝，荆、赵之意绝则赵危，赵危而荆狐疑。东以弱齐、燕，中以凌三晋，然则是一举而霸王之名可成也，四邻诸侯可朝也"①。然而这几次进攻都没有达到灭魏的战略目的，领兵的秦相穰侯魏冉"引军而退，复与魏氏为和"②。

三、战国后期秦军主攻目标的改变与进兵路线之转移

公元前270年，范雎在秦国拜相，献远交近攻之策，使秦对六国的作战方略发生了重大变化，改变了出兵豫东的主攻方向，把晋南豫北通道作为主要进军路线，夺取和巩固沿途的三晋城市，以赵国作为首要的打击对象。表现如下：

1．秦从公元前269年发动阏与之战开始，随后又发动了上党之战、邯郸之围等等，这一系列大规模战役主要是与赵国交锋。

2．从《史记》中《秦本纪》、《六国年表》、诸侯《世家》的记载来看，第二阶段（公元前269—前221年）秦国发动的进攻多数集

①《韩非子·初见秦》。
②《韩非子·初见秦》。

中在河东—河内方向，30次左右，而豫西—豫东方向和南阳方向仅各有数次。

3. 据《史记》卷5《秦本纪》关于秦军作战斩首级数的记载，第二阶段河东—河内方向的战斗杀敌数目达到60余万，而其他方向不过10万，表明这个地区的交战异常激烈，秦军和六国方面的军队主力往往会在那里对阵。

秦军主攻方向改变的原因，据笔者分析有以下几点：

第一，大梁城池坚固，魏又调集境内全部兵力拼死抵挡，使秦难以速胜。须贾曾对魏冉说："臣闻魏氏悉其百县胜兵，以止戍大梁，臣以为不下三十万。以三十万之众，守十仞之城，臣以为虽汤、武复生，弗易攻也。"①再者，秦灭魏"以绝从（纵）亲之要（腰）"②的战略意图被六国识破，"秦攻梁者，是示天下要断山东之脊也，是山东首尾皆救中身之时也"③。大梁三次被围，燕、赵、韩等诸侯纷纷来救，使秦未能得手。

第二，此时齐、楚新遭国破，抱残守缺，已无力与秦争雄，而赵国经过胡服骑射的军事改革和整顿内政，壮大了力量，北灭中山，屡挫齐、魏。如纵横家所言："当今之时，山东之建国，莫如赵强。"④赵国成为合纵的中心和策源地，是新的抗秦中坚。《韩非子·存韩》曰："夫赵氏聚士卒，养从（纵）徒，欲赘天下之兵，明

---

① 《战国策·魏策三》。
② 《战国策·秦策四》。
③ 《战国策·魏策四》。
④ 《战国策·赵策二》。

秦不弱。"《战国策·秦策三》亦云:"天下之士,合从相聚于赵,而欲攻秦。"所以范雎向秦昭王指出原来的战略部署有误,兵出豫西通道,越韩、魏而攻齐,"非计也。少出师则不足以伤齐,多之则害于秦"①。伐魏围梁也未收到预期的效果,"穰侯十攻魏而不得伤"②。事实上,赵国才是秦征服山东的最大障碍。范雎谓秦王曰:"王得宛、叶、蓝田、阳夏,断河内,困梁、郑,所以未王者,赵未服也。"③应该改变战略方针,把赵国当作进攻的主要目标。

赵国的统治中心邯郸地区在冀南平原,秦军如走豫西通道出荥阳北上攻赵,需要连续渡过济水、黄河、漳水三条河流,多有不便,而且进军的侧翼是敌对的魏国,粮草、兵员的补给线要穿过韩境,也有后顾之忧。李斯曾说:"夫韩虽臣于秦,未尝不为秦病。今若有卒报之事,韩不可信也。"④秦王也说韩国:"不固信盟,唯便是从。韩之在我,心腹之疾。"⑤因此秦不愿走豫西通道伐赵,如苏秦所言:"然而秦不敢举兵甲而伐赵者何也?畏韩、魏之议其后也。然则韩、魏,赵之南蔽也。"⑥

秦国伐赵的主攻路线是走晋南豫北通道,"秦举安邑而塞女戟,韩之太原绝,下轵道、南阳、高,伐魏绝韩,包二周,即赵自消

①《战国策·秦策三》。
②《战国策·秦策三》。
③《韩非子·内储说上》。
④《韩非子·存韩》。
⑤《战国策·赵策一》。
⑥《战国策·赵策二》。

烁矣"①。女戟在太行山脉西侧，此处的南阳是指晋之南阳——今河南省修武县一带，轵道和修武南阳皆属魏，故曰"伐魏绝韩"，然后再由河内出师北攻邯郸。河东的汾城（今山西省临汾市）被秦当作关中至河内用兵的中转站，伐赵的先头部队、后续部队经过汾城到前线，增援部队也在此屯集待命，前方部队后撤时亦回到这里休整。公元前257年邯郸战役时，秦"益发卒军汾城旁"②。胡三省注《资治通鉴》卷5曰："汾城，即汉河东临汾县城也，去邯郸尚远。秦盖屯兵于此，为王龁声援。"后来秦军失利，"攻邯郸，不拔，去，还奔汾军二月余"③。由于这条通道的人员、物资交通流量显著增大，从临晋渡河的困难更加突出。为了解决这个矛盾，公元前257年，秦"初作河桥"④。《史记正义》曰："此桥在同州临晋县东，渡河至蒲州，今蒲津桥也。"这项措施大大提高了晋南豫北通道的运输能力。

　　通道东端的河内原属卫地，战国时入魏，是赵、魏、齐三国交界之处。秦占领河内，在黄河以北建立一个楔入中原的桥头堡，截断了赵、燕与韩、魏、楚国的联系。东边陈兵迫近齐境，使齐不敢加入合纵联盟。有识之士曾评论夺取这个地段的重要性："秦下甲攻卫阳晋，必大关天下之匈（胸）。"⑤《史记索隐》曰："夫以常山为天下脊，则此卫及阳晋当天下胸，盖其地是秦、晋、齐、楚之交道

① 《战国策·赵策四》。
② 《史记》卷5《秦本纪》昭王五十年。
③ 《史记》卷5《秦本纪》昭王五十年。
④ 《史记》卷5《秦本纪》昭王五十年。
⑤ 《史记》卷70《张仪列传》。

也。以言秦兵占据阳晋，是大关天下胸，则他国不得动也。"

　　第三，豫西通道附近多是丘陵山地，土狭民贫，物产匮乏。如张仪所言："韩地险恶山居，五谷所生，非菽而麦，民之食大抵菽饭藿羹。一岁不收，民不厌糟糠。"① 大军通过时沿途的补给相当困难。晋南地区则比较富庶，"河东土地平易，有盐铁之饶"②。此时大部分已被秦军占领，运输线亦很安全。长平之战后，"秦尽韩、魏之上党，则地与国都邦属而壤挈者七百里"③。通道东端的河内地区经济也很发达，秦国可以利用当地的人员、粮草补给前线，减轻关中后方的沉重压力。如长平之战中，"秦王闻赵食道绝，王自之河内，赐民爵各一级，发年十五以上悉诣长平，遮绝赵救及粮食"④。《史记正义》曰："（河内）时已属秦，故发其兵。"

　　第四，从道路的通达性来看，要是只有一条路线能够达到进攻的目的地，敌军可以集中兵力抗击，防御比较容易，若发生堵塞就无法通行。如果在交通干线之外还有几条支线可以到达，那就影响不大，对攻方比较有利。晋南豫北通道在这方面具有优越性，秦军如占领山西中南部，即能够兵出河内，又能够利用横穿太行山脉的几条路径作为进军邯郸的辅助路线。在轵道以北，还有羊肠、壶口、阏与、井陉等孔道可行。占有优势的秦国能采取两路分兵的办法，来分散赵国的防御力量。范雎向秦王提出的战略设想之一，就

---

① 《史记》卷70《张仪列传》。
② 《汉书》卷28下《地理志下》。
③ 《战国策·赵策一》。
④ 《史记》卷73《白起王翦列传》。

是用进占上党的军队越过太行，夺取赵都以北的东阳来威胁邯郸。"弛上党在一而已，以临东阳，则邯郸口中虱也"①。最后秦国灭赵，在公元前233年至前229年发动三次进攻，都是用一支军队自河内北攻邯郸，另一支军队从上党等地直下井陉，实行夹击。豫西通道在这方面就相形见绌了，它的东段出口只有成皋、荥阳一线，因为成皋以北是黄河，以南多为纵向山岭，岗峦连绵不绝，难以逾越通行。

鉴于以上原因，秦国改变了战略，将军队主力部署在河东、河内，与赵国交战。秦国同时也企图占领豫西通道东段，于公元前256年至前249年灭两周（西周与东周小邦），夺取韩国的荥阳、成皋，建立了三川郡。但随即被信陵君率诸侯联军打败，兵退函谷关内，不敢出战，沿途据点纷纷丢弃，连秦在中原黄河以南的许多城市（如陶、管等）也被魏国攻占，可以说在这个作战方向遭到惨败。而秦置豫西、豫东的挫折于不顾，坚持在黄河以北用兵的主攻战略，逐步占据了赵之晋阳、上党以及河内的漳水流域，使邯郸孤立无援。终于在公元前228年灭亡赵国，然后北上灭燕，南渡黄河攻占魏都大梁。在此期间，函谷关以及豫西通道方向未见到大规模的军事行动。韩都新郑虽然在通道东端出口近旁，但秦却是由内史腾率兵从南阳郡东出方城，再北上灭韩的。

秦国对战略进攻方向和行军路线的选择并非一成不变，而是根据形势的变化及时加以调整，其结果是成功的，它保证了秦统一中国战争的顺利完成。

---

① 《韩非子·内储说上》。

后　记

　　我的博士学位论文题为《先秦战略地理研究》，早在1999年由首都师范大学出版社发行，这次承蒙中华书局的重视予以改版再印，更名为《先秦战争与政治地理格局》对此谨表示由衷的感谢。今岁是导师宁可先生逝世十周年，回想我一生的治学经历，曾接受先生的诸多教诲。如果没有他的引导，自己是根本不能踏入宝山、斩获而归的。1977年国家恢复高考制度，我得以进入北京师范学院（今首都师范大学）历史系就读，毕业留校任教后，宁可先生曾有三次重要的培养指导，使我得以在专业上进步攀升，至今记忆犹新，特借此机会叙述如下，或许能对读者有所助益。

　　1982年初，我成为一名高校教师，由宁先生指导的毕业论文《关于中国封建社会长期延续问题的几点认识》又在本校学报上发表，其观点后来被收入白钢先生编撰的专题论著[①]，因此踌躇满志，一心想写长篇大论。不料宁可先生安排我做微观问题的系列考据，他说汉代《九章算术》书中蕴藏了许多有价值的经济史料，以

[①] 参见白钢编著：《中国封建社会长期延续问题论战的由来与发展》，中国社会科学出版社，1984年，第214—215页。

往未得到充分重视，要我对它进行系统的发掘研究。这部算术书包括246道应用题，涉及农耕、商贸、物价、交通、赋税、徭役以及爵位等广泛领域，但多数内容很琐碎，而且往往是孤证，在正史中很难找到相关记载，需要从庞杂的文献和金石、简牍资料里去搜寻有联系的线索来参照分析。这类研究工作可以借用一个围棋的术语来比喻，就是"治孤"。考据的原则是"孤证不立"，立论必须有较为充分的史料依据。而围棋的"孤子"也是死棋，必须做出两个"眼"或者是和附近的大棋联上才能成活。我对《九章算术》的探讨非常艰难，寻找可用的史料如同沙里淘金，完成某个具体问题的论证往往需要好几个月，这项课题拖延到1990年结束，陆续撰写了11篇论文，最后汇成专著《〈九章算术〉与汉代社会经济》出版。好在功夫不负有心人，我的这项研究得到了学界的关注，其中《〈九章算术〉记载的汉代徭役制度》《〈九章算术〉所反映的汉代交通状况》两篇论文被人民大学《复印报刊资料》全文转载，《〈九章算术〉在社会经济方面的史料价值》一文受《自然辩证法通讯》杂志社推荐，刊登在美国《波士顿科学哲学研究》年鉴第179卷上。

　　尽管《九章算术》的科研任务耗费了我8年光阴，但是由此练就了考据的本领，后来认识到这是自己在高校职场安身立命的必要技能，这才明白了导师的用心。考据虽然属于微观史学，却是宏观研究的基础。若是过不了这一关，那么撰写巨著难免会失之空泛和出现明显的疏误。治学的能力要逐步提高，从学会微观研究再过渡到宏观探讨，不可能一蹴而就。正是因为我熟练掌握了考据的基本方法，后来才有可能写出《汉代监狱制度研究》《汉代宫廷居住研究》等重要著作（前者入选2012年国家哲学社会科学成果文库），为此对老师深表感激。

另外闲扯两句，我喜欢阅读马里奥·普佐的《教父》，书中写到教父的养子汤姆·哈根在大学毕业之后，提出要担任家族的专职律师。教父科里昂表示同意，却坚持让他到律师事务所去实践了三年一般性的法律事务，这段经历后来证明是汤姆获得的无价之宝。他又经过两年处理刑事案件的锻炼，成熟之后才当上了家族的"军师"，即高级顾问。看到这里，我就联想起导师让我做了多年考据的事，小说写得合情合理，想想觉得有趣。虽然把两者相提并论有些欠妥，但都说明了提高业务能力必须循序渐进的道理。

《九章算术》的科研任务结束以后，在两三年的时间内，我没有大的课题可做，零零散散发表了几篇论文，内容属于不同领域，都是分散孤立的作品，彼此没有联系，就像俗话所说的"东一榔头西一棒子"。宁可先生敏锐地注意到这个问题，又专门找我谈话，提醒我要注意集中研究方向。他形象地比喻说，搞科研不能是"狗熊掰棒子"，夹一个掉一个，最后肯定不会有丰富收获（这是委婉地批评我）。最好是进行"滚雪球"式的研讨，为自己设定一个规模较大的组合式课题，这样创作的各篇论文内容相互关联，不仅资料利用方便，而且容易启发拓展思路，编织成网络。成果则日积月累，越来越多，将来能够形成鸿篇巨著。他还推荐我阅读严耕望先生的《治史经验谈》，里面讲到史学研究的要旨之一，就是如何选题，强调年轻人经验和能力不足，应该"小题大做"，尽量把论文内容写得很充分；中年人年富力强，要"大题大做"；老年学者精力衰退，最好是"大题小做"，对重大问题提出自己的概要想法，可以由后人去充实。我想这正与宁可先生对我的教诲相吻合，他当初让我研究《九章算术》，就是"小题大做"，现在则需要"大题大做"了。

这次谈话之后，我开始认真地思考今后的科研道路与课题方向。首先，是要确定在哪个领域开展探讨，我搞了8年社会经济史，觉得它有些枯燥与冷漠，如某位学者所说，是"缺乏人性化的研究"，不太符合自己的性格与志趣。我一向喜欢阅读军事历史，特别是战争史，要是能把兴趣爱好与职业劳动结合起来，工作就会更有激情和动力。但是有关中国古代战争史的论著连篇累牍，尤其是当时军事科学院主编发行的17卷20册《中国军事通史》巨著，对每个朝代的兵制、装备和战史都有系统深入的论述。自己要想在这个领域有所创建，必须另辟蹊径，采用新的研究视角或理论方法，才能获得突破。这时我想起了大学三年级时，宁可先生开设的课程中有一个系列专题——《中国历史发展的地理环境》①，他讲授了东亚大陆及其内部各历史区域的概况与特点，以及它们对中国古代历史进程起到的重要影响，内容高瞻远瞩，发人深省。后来我与几位同学议论，大家都认为这是本科学习期间印象最为深刻而且收获颇多的课程。那么自己是否能够以此为例，从地理角度出发去探索中国古代战争的规律和特点呢？有了这个想法，我就开始学习军事地理

————————————

① 笔者按：宁可先生的《中国历史发展的地理环境》一文，已经收入他的专著《中国封建社会的历史道路》，北京师范大学出版社，2014年，第31—58页。

学的论著，并关注这个领域的发展动态。

二十世纪九十年代初期，我国的军事地理学出现了重要的变化，就是衍生出一个分支，即战略地理学。开始是一些论文，后来涌现出几部专著，例如陈力的《战略地理论》、雷杰的《战略地理学概论》，还有董良庆的《战略地理学》。这门学科的任务，是以地理环境为依据，来分析战争形势，拟定战略方针和计划。特别值得重视的是它的研究对象，有战争爆发的地理背景、战略进攻和战略防御的主要方向及交通路线、后方根据地与前线的联系、全国的兵力部署、战线的分布、战区的设置、战场的选择等等。战略地理学采用了崭新的理论与研究视角，虽然它分析探讨的是现代战争，但也适用于研究古代的军事领域，正如某位先哲所言：人体解剖可以作为猴体解剖的一把钥匙。我了解上述情况之后，随即怀着喜悦激动的心情向宁可先生做了汇报，并且提出来想把科研的重点从经济史转移到军事历史地理方面，采用新的理论方法来指导研究工作，感觉这样做可能会取得更多的成果。宁可先生听后表示赞同，并且提出一个研究方向，让我考虑一下"中国历史上的东西对抗与南北战争"这个课题。它的时间跨度很大，从先秦一直延续到南宋末年，自元朝以后，中国不再有长期分裂割据的政治局面。他说这项研究可以从先秦时代开始，在它的三个历史阶段：三代（夏、商、西周）与春秋、战国，政治和军事斗争的地理表现形式差异非常明显，各有自己的鲜明特点。三代是东西对抗，春秋主要是齐、晋与楚、吴进行南北争霸，战国在商鞅变法后逐渐演变为秦与六国的东西抗衡。另外，宁先生还强调在研究当中要注意宏观与微观问题的结合，既要有对战略形势的总体分析，又得顾及具体的战场和作战区域，特别是地理枢纽，即所谓"兵家必争之地"。他还让我再读一下以前推荐过的世界名著，即英国学者麦金德所著《历史的地理枢纽》。

按照先生的指示，我开始着手写作，在两年内完成了课题中"三代篇"的三篇论文，并在发表后引起学界注意。其中《三代中国的经济区划、政治格局与国家防御战略》和《三代的城市经济与防御战争》被人民大学《复印报刊资料》全文转载，前者还被《北京大学学报》1995年第6期摘要转载。这增加了我继续努力的信心，并产生了在宁可先生门下攻读博士学位的想法。记得《〈九章算术〉与汉代社会经济》一书出版后，我呈送给宁先生，他当时说"这可以算作一篇像模像样的硕士论文"，似乎对我是本科学历、未能读研深造有些遗憾。这次写作的《先秦战略地理研究》，若能以博士学位论文来完成，就可以使自己成为老师门下更高层次的学生。读博不仅能够提高我的业务能力，而且会有更加充分的时间来进行研究，因为学校规定教师在职攻读博士学位，最后一年可以免除教学任务。我找宁先生谈了自己的想法，他听了很高兴，表示支持，说专业考试估计我没什么问题，毕竟讲了这么多年通史课，但一定要重视外语考试，做好充分准备。结果一切顺利，我在1996年夏通过考试，秋季入学。本科毕业十几年后，又搬进了母校提供的宿舍，见到前两届的几位同门博士生，他们都比我年轻得多，却调侃说考入宁先生门下的时间要比我早，让我叫他们师兄。我回答说15年前撰写本科毕业论文的时候，先生就是我的指导教师了，自己入门要比他们早得多。

在转向做军事历史地理研究的时候，我听到了一些非议，有人说军事问题应该由部队院校的专家们去研讨，这不是历史学者的任务。年轻教师不去钻研经济、政治和文化课题，却要搞什么军事和战略，这属于不务正业。我知道后有些担心，便和老师讲了，宁先生听后一笑置之，说有这种观念的并不是个别人，还有些人比他们稍微开明一些，认为历史学可以研究兵制，但其他的军事问题除外。他说西汉司马谈《论六家要指》，包括阴阳、儒、墨、名、法、道德，其中就没有兵家。但时至今日，这种思想就变得陈旧了。尤其在先秦时代，战争对社会的影响非常重要，所谓"国之大事，在祀与戎"。军事问题理所当然是历史研究的对象，让我不要理睬那些流言蜚语，只管安心研讨。

另外，有位同行看了我的论文，提出战略应该是将帅指挥作战的计划和谋略，而我从地理角度出发，论述的内容有些是国家在和平时期的兵力部署，还有都城的设置与居民迁徙等措施，和战斗厮杀没有直接关系，所以根本就算不上是战略。对此要做一些说明，我和这位同行所表述的"战略"概念是有区别的，"战略"这个现代名词具有两个层面，即军事战略和所谓"大战略"，前者即如那位同行所言，是统帅将领指挥作战的谋略，完全是从军事方面来考虑、制订和施行的，故其早期又称作"将道"。后者则是国家从全局考量并实施的一种长远的总体作战规划，它的内容除了军事战略还有政治、经济，乃至科技等诸多方面的举措，争取在战前或在战时能够最大限度地削弱现实与潜在的敌手，使自己处于有利地位，因此是宏观的、综合性的。对这种复杂的国家战略应该从多种角度进行分析研讨，这样对它的认识就会更加全面和深入。正如《易经》所言："天下同归而殊途，一致而百虑。"就是说可以用各种思路和视角来完成对某个问题的探讨理解，而不要拘泥于一孔之见。在我的研究中使用的是后一种广义的"战略"概念，而那位同行对此并不清楚，所以产生了某些误会。

读博期间经过老师的引荐，我结识了几位前辈学者，请他们审阅和帮助改进博士论文，其中有北京大学的吴荣曾先生和中国历史博物馆（现中国国家博物馆）的洪廷彦先生。这些前辈都很热情，对我进行了鼓励和辅导，并提出了宝贵的修改意见。洪廷彦先生喜欢研读《左传》，他说看了我的博士论文，当即打电话给一位老朋友，说有个年轻人熟读《左传》，他写的书稿很有意思，你也来看一看吧。洪先生说现在许多搞先秦史的青年人不愿投入大量时间去阅读经书和诸子，热衷于"短平快"的工作，抢着给新出土的器物与甲骨金文作考释。这样做当然很有必要，而且容易发表成果，但是此类资料数量有限，以致相关论文经常出现重复"撞车"的现象，而且长此以往，个人的研究会陷入"碎片化"，难以完成宏博的课题。年轻人像你这样运用古籍研究先秦历史的并不多见，所以我看了书稿很高兴。后来吴、洪两位先生参加了我的论文答辩，由年长的洪廷彦先生担任答辩委员会主席，他们都对论文给予了很好的评价。

《先秦战略地理研究》结束后，我未能把宁可先生提出的"中国历史上的东西对抗与南北战争"这项课题沿续完成。其中有两个原因，第一是缺乏工作时间，按照历史系的安排，我提升教授后要招收培养秦汉史的硕士、博士研究生，并负责这个专业方向的学科建设，不仅承担相关的科研、教学任务，还要申报秦汉史领域的社科项目，需要投入许多时间和精力。这是我的本职工作，必须认真努力地对待，绝不能敷衍。但是这样一来，有关军事历史地理的研究就变成了我的副业，甚至是业余活动，无法像读博期间那样把全部身心灌注进去。第二是自己的能力不足，从秦汉到南宋末季历时千余年，在此期间的战略地理研究内容过于庞大。试想先秦时代资料有限，我的博士论文还花费了6年时间，那后边各个朝代的史料和参考论著越来越多，可以说是浩如烟海。以个人眇眇之身，要想全部阅读领会，再都写成论文，恐怕终生也完成不了。正如庄子所言："以有涯随无涯，殆矣！"无奈之下，我采取了取巧的办法，就是从宁可先生提出的大方向中选取一系列要点来建立课题，写作一部《中国古代战争的地理枢纽》，在先秦到南宋的每个朝代选择一两个"兵家必争之地"来进行探讨。先秦几个战略枢纽的研究已经写好了，就从秦汉三国开始。这样经过十度春秋的努力，终于在2009年写成了这部著作，由中国社会科学出版社发行，将它交到了老师的手里。

　　回想宁可先生对我的培养，屡次在自己学术成长过程的关键时刻给予指导，使我能够顺利跨越几道重要的门限，为此感恩不尽。有一次和我谈话时，他的心情很好，说起对学生的辅导教育。宁可先生是二十世纪五十年代北京师范学院历史系的创建元老之一，他说那时候指导几个青年教师，言传身教非常认真仔细，几乎是手把手地教他们专业写作，要求非常严格，甚至在教案中发现几个错字，都会把作者叫过来训斥一顿。但是在改革开放以来，他的教育方法和态度发生了很大变化。先生说现在看到你们的论文有错误或是别字，我也就是用笔勾画一下，提醒你们自己注意纠正罢了。他关注的主要是学生们的研究方向与文章立论等重大问题，其指导也是启发式的，往往点到为止，不做深究，让你自己去领悟。先生从不在我们研究的具体问题和看法上进行干涉，任凭大家自由发挥。记得有位学友的论文观点相当偏颇，宁可先生对此并不认同，但是经他点拨后，那位同学仍不愿改动，先生也顺其自然，未予强迫。这正是孔子所说的"举一隅不以三隅反，则不复也"。直到后来，那位同学的论文在外审时遇到了麻烦，几位专家都提出了质疑和反对，这才在先生的协调帮助下修正通过。

读博期间还发生了一件事情，给我很大的震动。我在写完《春秋地理形势与列强的争霸战略》一章之后，觉得它的质量比以前发表的几篇论文要更好一些，于是斗胆投稿到一家知名刊物。过后接到责任编辑的电话，说编辑部经过讨论，愿意发表稿件。但是这家刊物的用稿都要经过某位权威专家的审阅，由他来最终决定取舍，让我再等等消息。这位专家素有声望，我对他的学识和著作很是敬佩。可是他已然年迈，又身兼数项要职，拥有很高的地位，怎么还会屈尊下驾，亲自审查这家刊物发表的所有稿件，无论长短一一裁定，这样岂不是过于辛劳、大材小用？我虽然觉得有些诧异，但也没有往心里去。

几天以后又接到编辑的电话，说先生看了你的文章表示认可，同意在刊物上发表，并写了几点修改意见，我们已经将它邮寄给你。刊物准备在近期采用这份稿件，请你尽快订正后寄送回来。我获悉论文得到权威人士的肯定，为此兴奋不已，随后接到这位先生的手书便笺，立即遵照指示修改寄回。不料过后编辑再次打来电话，有些尴尬地对我说，他们把近期准备发表的一组稿件最后送给那位先生过目，没想到他看见你的文章勃然大怒，厉声道："这篇稿子不能用！必须退稿！"我们非常吃惊，不明白先生为什么突然改变态度，也不知道你的论文怎么会惹他发那么大的火，我们不敢询问，只好把稿子拿了回来。编辑随后又对我说，他在这家刊物工作多年，从未发生过此类事情，也没有见过先生发这么大的脾气。无论如何，这篇稿子是不能用了，请你改投别的刊物吧。

此前我经历过几次杂志社的退稿，都能心平气和地对待，但这次退稿相当荒谬，让我瞠目结舌。虽然心里颇有想法，但出于对那位专家的尊重，我不愿把它写出来。后来看央视的电视剧《大染坊》，剧里的陈掌柜说："什么叫走运，遇见明白人就是走运。"我对此深有同感。回顾自己的学术生涯，如果不是遇到那些热情友善、胸怀开阔，而且乐于提携后进的前辈学者，怎么会有今天的些许成绩？能够获得宁可先生的多年指导，实在是我毕生的幸运。

最后说一下，首都师范大学的杨生民教授，对我写作这篇博士学位论文提供了诚恳的帮助，使我获益良多。我在大学二年级时撰写的第一篇论文习作，被任课教师呈送宁可先生，他认为具有新意，就推荐给本校学报。编辑部同意刊发，但要求压缩到7000字以下。那篇论文原来有2万多字，我减到1万来字，就无论如何删不动了，以至于智力枯竭，无从下手。多亏杨生民先生亲自动笔，替我把论文删到6700余字，而且文章的脉络保持完整，重要的论点和史料引证都能保留，最终得以发表。杨老师当时主动为一个普通学生修改文章，使我摆脱困境，他的仁心善举和专业水准令我感动钦佩不已，始终难以忘怀，在这里一并致谢。

宋　杰

2024年6月12日于北京颐源居